食品科学与工程类系列教材

食品安全应急管理

庞 杰 杨艺超 张甫生 主编

科学出版社
北 京

内 容 简 介

本书围绕食品安全应急管理工作所需掌握的管理工作方法、专业能力和素养,采取理论研究与实践案例分析相结合的方法,较为系统地阐述了食品安全应急管理概述,食品安全危害,食品安全危害分析与评估,食品安全管理及体系建设,食品安全风险分析与治理,食品安全事故应急处置的总体要求、内容和程序,食品安全事故的法律责任;同时充分借助食品安全事件典型案例和食品安全应急管理案例进行分析,既有系统的理论框架与方法论体系,又具有实操性、规范性与创新性。

本书可作为食品科学与工程、食品质量与安全、食品卫生与营养学等相关专业本科生教材,还可作为相关专业研究生、从事食品安全应急管理工作的相关人员的参考教材,以及继续教育培训的参考教材。

图书在版编目(CIP)数据

食品安全应急管理 / 庞杰,杨艺超,张甫生主编. -- 北京:科学出版社, 2025. 6. -- (食品科学与工程类系列教材). -- ISBN 978-7-03-082276-5

Ⅰ. TS201.6

中国国家版本馆 CIP 数据核字第 202523R0B2 号

责任编辑:席 慧 林梦阳 赵萌萌 / 责任校对:严 娜
责任印制:肖 兴 / 封面设计:智子文化

科学出版社 出版
北京东黄城根北街 16 号
邮政编码:100717
http://www.sciencep.com
北京天宇星印刷厂印刷
科学出版社发行 各地新华书店经销

*

2025 年 6 月第 一 版　开本:787×1092　1/16
2025 年 6 月第一次印刷　印张:7 1/2
字数:179 000
定价:39.80 元
(如有印装质量问题,我社负责调换)

《食品安全应急管理》编委会名单

主　编：庞　杰　　杨艺超　　张甫生
副主编：龚　波　　曹孝东　　王南南
编　委：王南南　广州国家实验室
　　　　王馨云　中国福利会国际和平妇幼保健院
　　　　冯　飞　四川旅游学院
　　　　田富俊　福建农林大学
　　　　刘　丽　广州医科大学
　　　　刘名洋　广州医科大学
　　　　杨艺超　广州医科大学
　　　　陈泽东　广州市越秀区市场监督管理局
　　　　李源钊　中国人民武装警察部队工程大学
　　　　李棠洁　广州医科大学
　　　　李嘉慧　广州市老年医院
　　　　张甫生　西南大学
　　　　张立威　广州医科大学
　　　　庞　杰　福建农林大学
　　　　骆主胜　福建富邦食品有限公司
　　　　龚　波　广州医科大学
　　　　曹孝东　广州市越秀区市场监督管理局
　　　　曹　洁　福建警察学院
　　　　童彩玲　厦门海洋职业技术学院

前　言

　　食品安全问题作为关系国计民生的重大问题，一直是各国政府和社会公众关注的焦点。食品安全应急管理是一个新的学科，虽然我国在该领域尚处于起步阶段，但是对食品安全危害进行全程、全链条的管理，尤其是掌握高效预防和应对食品安全突发事件甚至事故的方法，已成为保障食品安全、维护社会稳定的重要任务，因此备受各方关注。由于食品安全应急管理涉及多学科的知识，要求参与者具有广博的知识面，因此，本书编者中既有直接工作在各高校教学一线的老师和科研一线的科技工作者，又有参与食品安全管理的政府机构工作人员，都具有丰富的食品安全危害分析与评估知识储备及应急管理经验。

　　全书共分 8 章，各章内容及具体分工如下：第 1 章讲述了食品安全应急管理概述，由庞杰、杨艺超、张甫生、李嘉慧编写；第 2 章介绍了食品安全危害，由王南南、李源钊、刘丽、张立威编写；第 3 章简介了食品安全危害分析与评估，由杨艺超、冯飞、张甫生和骆主胜编写；第 4 章介绍了食品安全管理及体系建设，由杨艺超、童彩玲、李源钊编写；第 5 章简介了食品安全风险分析与治理，由曹孝东、杨艺超、王馨云、冯飞、张甫生编写；第 6、7 章介绍了食品安全事故应急处置的总体要求、内容和程序，由曹孝东、陈泽东、刘丽、曹洁编写；第 8 章简介了食品安全事故的法律责任，由龚波、李棠洁、田富俊、刘名洋编写。全书由庞杰、杨艺超、张甫生统稿、审校。

　　本书可作为食品科学与工程、食品质量与安全、食品卫生与营养学等相关专业本科生教材，还可作为相关专业研究生、从事食品安全应急管理工作的相关人员的参考教材及继续教育培训的参考教材。

　　由于食品安全应急管理在我国尚属一个新的学科，尽管编者全力以赴，书中难免存在一些疏漏和不足之处，恳请广大师生和读者批评指正，以便修订时及时改进。

主　编
2025 年春

目 录

前言

1 食品安全应急管理概述 ··· 1
1.1 食品全生命周期安全管理 ··· 1
1.2 食品安全应急管理的基本概念 ·· 2
1.2.1 食品安全 ·· 2
1.2.2 食品安全危害 ·· 2
1.2.3 食品安全管理 ·· 2
1.2.4 食品安全风险 ·· 2
1.2.5 食品安全应急管理 ·· 3
1.3 食品安全应急管理体系 ·· 4
1.3.1 应急预防 ·· 4
1.3.2 应急准备 ·· 4
1.3.3 应急响应 ·· 4
1.3.4 应急恢复 ·· 5
1.4 食品安全事件与事故的内涵 ·· 5
1.4.1 食品安全事件 ·· 5
1.4.2 食品安全事故 ·· 5
1.5 食品安全应急管理面临的挑战与发展战略 ··· 6
1.5.1 先进加工技术与新型食品 ··· 6
1.5.2 信息技术与人工智能的应用 ·· 7
1.5.3 应急演练标准化 ·· 7
1.5.4 网络舆情处理 ·· 8
1.5.5 应急管理机制研究 ·· 8

参考文献 ··· 8

2 食品安全危害 ·· 10
2.1 食品全生命周期的危害物形成与转化 ··· 10
2.1.1 食品生产阶段的危害物形成 ·· 11
2.1.2 食品加工环节中的危害物转化 ··· 12
2.1.3 食品包装、贮藏与运输中的危害物变化 ··································· 13

  2.1.4 销售与消费环节中的食品安全问题 ··· 14
 2.2 食物中毒危害 ··· 15
  2.2.1 微生物性食物中毒 ··· 15
  2.2.2 化学性食物中毒 ·· 17
  2.2.3 有毒动植物食物中毒 ··· 18
 2.3 食物过敏危害 ··· 18
  2.3.1 食物过敏的定义 ·· 18
  2.3.2 食物过敏的种类 ·· 19
  2.3.3 食物过敏的危害 ·· 20
  2.3.4 食物过敏的识别 ·· 20
  2.3.5 食物过敏的预防与应对 ·· 20
 2.4 其他危害 ··· 21
  2.4.1 物理性危害 ·· 21
  2.4.2 食源性寄生虫危害 ··· 21
  2.4.3 食品添加剂潜在危害 ··· 21
  2.4.4 营养强化剂潜在危害 ··· 23
  2.4.5 转基因食品潜在危害 ··· 23
  2.4.6 洗消剂残留危害 ·· 24
 参考文献 ··· 25

3 食品安全危害分析与评估 ·· 26
 3.1 食品安全危害分析 ··· 26
  3.1.1 危害分析的概念 ·· 26
  3.1.2 食品安全危害分析的方法 ··· 26
  3.1.3 食品安全危害的预防和控制 ·· 27
 3.2 食品安全危害评估 ··· 28
  3.2.1 危害评估的概念 ·· 28
  3.2.2 食品安全危害评估的基本原理与原则 ·· 29
  3.2.3 食品安全危害评估的方法 ··· 30
  3.2.4 食品安全危害评估的内容和程序 ·· 31
 参考文献 ··· 31

4 食品安全管理及体系建设 ·· 32
 4.1 食品安全管理概述 ··· 32
  4.1.1 食品安全管理定义 ··· 32
  4.1.2 食品安全管理国内外发展现状和趋势 ·· 32

4.2 食品安全管理内容 ………………………………………………………………… 33
4.2.1 食品生产过程中的安全管理 ………………………………………………… 33
4.2.2 国家及地方关于食品安全的法律法规 ………………………………………… 35
4.3 食品安全管理体系 ………………………………………………………………… 37
4.3.1 食品生产经营许可制度 ……………………………………………………… 37
4.3.2 良好生产规范（GMP） ……………………………………………………… 38
4.3.3 卫生标准操作程序（SSOP） ………………………………………………… 39
4.3.4 危害分析与关键控制点（HACCP） ………………………………………… 40
4.3.5 ISO 22000 食品安全管理体系 ………………………………………………… 42
4.3.6 其他食品安全管理体系与工具 ……………………………………………… 44
4.4 食品安全监督管理体系及其运作机制 …………………………………………… 44
4.4.1 食品安全监督管理体系构成 ………………………………………………… 45
4.4.2 食品安全监督管理的运作流程 ……………………………………………… 46
4.4.3 食品安全监督管理的技术支持与保障 ……………………………………… 47
参考文献 …………………………………………………………………………………… 48

5 食品安全风险分析与治理 ……………………………………………………………… 49
5.1 食品安全风险分析与治理概述 …………………………………………………… 49
5.1.1 食品安全风险的概念 ………………………………………………………… 49
5.1.2 食品安全风险分析 …………………………………………………………… 49
5.1.3 食品安全风险治理 …………………………………………………………… 52
5.2 食用农产品安全风险分析与治理 ………………………………………………… 52
5.2.1 种植业食用农产品安全风险分析与治理 …………………………………… 52
5.2.2 林业食用农产品安全风险分析与治理 ……………………………………… 54
5.2.3 畜牧业食用农产品安全风险分析与治理 …………………………………… 55
5.2.4 渔业食用农产品安全风险分析与治理 ……………………………………… 56
5.3 食品生产经营环节安全风险分析与治理 ………………………………………… 57
5.3.1 湿粉类食品安全风险分析与治理 …………………………………………… 57
5.3.2 小作坊生产加工食用花生油安全风险分析与治理 ………………………… 57
5.3.3 肉制品安全风险分析与治理 ………………………………………………… 57
5.3.4 乳制品安全风险分析与治理 ………………………………………………… 58
5.3.5 固体饮料安全风险分析与治理 ……………………………………………… 58
5.3.6 保健食品安全风险分析与治理 ……………………………………………… 58
5.3.7 特殊医学用途配方食品安全风险分析与治理 ……………………………… 59
5.3.8 婴幼儿配方食品安全风险分析与治理 ……………………………………… 59
5.3.9 食品添加剂安全风险分析与治理 …………………………………………… 60

5.3.10　预制菜安全风险分析与治理 ………………………………………… 61
　　　5.3.11　学校食堂安全风险分析与治理 ………………………………………… 61
　5.4　食品消费环节安全风险分析与治理 …………………………………………… 62
　　　5.4.1　食品消费环节的安全风险来源 ………………………………………… 62
　　　5.4.2　食品消费环节的安全风险治理 ………………………………………… 63
　参考文献 ……………………………………………………………………………… 63

6　食品安全事故应急处置的总体要求 …………………………………………… 64
　6.1　食品安全事故的概念、分级和响应标准 ……………………………………… 64
　　　6.1.1　食品安全事故的概念 …………………………………………………… 64
　　　6.1.2　食品安全事故的分级和响应标准 ……………………………………… 64
　6.2　食品安全事故应急预案与演练 ………………………………………………… 66
　　　6.2.1　食品安全事故应急预案 ………………………………………………… 66
　　　6.2.2　食品安全事故应急演练 ………………………………………………… 67
　　　6.2.3　食品安全事故应急处置措施 …………………………………………… 68
　6.3　食品安全事故应急处置原则 …………………………………………………… 68
　6.4　食品安全事故应急处置指挥体系和职责分工 ………………………………… 69
　　　6.4.1　食品安全事故应急处置指挥体系 ……………………………………… 69
　　　6.4.2　食品安全事故应急处置职责分工 ……………………………………… 71
　参考文献 ……………………………………………………………………………… 73

7　食品安全事故应急处置的内容和程序 ………………………………………… 74
　7.1　食品安全事故信息监测与报告 ………………………………………………… 74
　　　7.1.1　风险监测与预警 ………………………………………………………… 74
　　　7.1.2　信息来源与报告 ………………………………………………………… 75
　7.2　食品安全事故先期处置与应急响应 …………………………………………… 76
　　　7.2.1　先期处置 ………………………………………………………………… 76
　　　7.2.2　应急响应 ………………………………………………………………… 76
　7.3　食品安全事故应急响应措施 …………………………………………………… 78
　　　7.3.1　指挥协调 ………………………………………………………………… 78
　　　7.3.2　医学救援 ………………………………………………………………… 78
　　　7.3.3　现场处置 ………………………………………………………………… 79
　　　7.3.4　流行病学调查 …………………………………………………………… 79
　　　7.3.5　应急检验检测 …………………………………………………………… 79
　　　7.3.6　事故调查 ………………………………………………………………… 79
　　　7.3.7　信息发布和舆论引导 …………………………………………………… 80

7.3.8　维护社会稳定 ··· 80
7.4　食品安全事故信息发布、维稳与疏导 ·· 80
　　7.4.1　食品安全事故的信息发布 ··· 80
　　7.4.2　食品安全事故的维稳方案 ··· 81
　　7.4.3　食品安全事故的疏导方案 ··· 82
7.5　食品安全事故的舆情处理 ·· 84
　　7.5.1　相关概念和定义 ··· 84
　　7.5.2　舆情监测与应对 ··· 85
　　7.5.3　食品安全事件的舆情管理 ··· 86
　　7.5.4　食品安全事件的应对策略 ··· 87
参考文献 ·· 87

8　食品安全事故的法律责任 ·· 89

8.1　食品生产经营者的行政法律责任 ··· 89
　　8.1.1　概念 ··· 89
　　8.1.2　行政处罚的种类 ··· 90
　　8.1.3　相关规定的不足之处 ··· 91
　　8.1.4　对相关规定的改善措施 ·· 92
8.2　食品生产经营者的民事法律责任 ··· 93
　　8.2.1　民事法律责任的主要形式 ··· 93
　　8.2.2　食品生产经营者民事法律责任的具体规定 ······························· 94
　　8.2.3　责任体系的完善建议 ··· 95
8.3　食品生产经营者的刑事法律责任 ··· 95
　　8.3.1　食品生产经营者的刑事法律责任概述 ······································ 95
　　8.3.2　常见食品安全刑事犯罪种类 ·· 95
　　8.3.3　刑事责任的追究 ··· 98
8.4　网络食品交易第三方的法律责任 ··· 98
　　8.4.1　概念与定义 ··· 98
　　8.4.2　网络食品安全义务与法律责任 ··· 98
8.5　政府和食品安全监督管理部门的法律责任 ······································· 100
　　8.5.1　法律责任产生的相关背景、政府部门和相关机构设立的介绍 ······ 100
　　8.5.2　法律责任 ·· 101
　　8.5.3　监管责任追究机制的完善 ··· 105
参考文献 ·· 105

《食品安全应急管理》教学课件索取单

凡使用本书作为授课教材的高校主讲教师,可获赠教学课件一份。欢迎通过以下两种方式之一与我们联系。

1. 关注微信公众号"科学 EDU"索取教学课件

扫码关注→"样书课件"→"科学教育平台"

2. 填写以下表格,扫描或拍照后发送至联系人邮箱

姓名:	职称:	职务:
手机:	邮箱:	学校及院系:
本门课程名称:		本门课程选课人数:
您对本书的评价及修改建议:		

食品专业教材
最新目录

联系人:林梦阳 编辑   电话:010-64030233   邮箱:linmengyang@mail.sciencep.com

1 食品安全应急管理概述

食品安全问题作为关系国计民生的重大问题,也始终是关乎国家发展与民众福祉的核心议题。构建食品生产消费全过程的监管体系,一直是各国政府和社会公众关注的焦点。因此,对食品安全危害进行全程、全链条的管理,已成为保障食品安全、维护社会稳定的重要任务。食品全生命周期安全管理理论为食品安全管理提供了新的视角,强调从农田到餐桌全生命周期、全链条监管,优化食品安全应急管理体系,提升食品安全管理水平,以实现对食品安全风险的科学防控,旨在高效地预防和应对食品安全突发事件甚至事故。

【案例导入】

"五分钟一道菜,八分钟一个汤。对我来说预制菜能实现'做饭自由'!",王先生平时到超市买烧麦、灌汤包、豆沙春卷等预制早餐,又通过电商平台入手了炸酥肉、佛跳墙等预制"大餐"。行业调查显示,预制菜肴行业渗透率约为10%,预计在2030年增至20%,随之而来的食品安全隐患亟待关注,包括:产品标识不详细、餐馆未告知使用预制菜、原料质量监控存在漏洞、味道同质化、有虚假宣传现象等监管问题。

【学习目标】

掌握食品全生命周期安全管理。
掌握食品安全应急管理的基本概念。
掌握食品安全应急管理体系。
掌握食品安全事件与事故的内涵。
熟悉食品安全应急管理面临的挑战与发展战略。

1.1 食品全生命周期安全管理

食品全生命周期安全管理涵盖了食品的生产、加工、贮藏、运输、销售和消费等各个环节。食品从初级生产、精深加工、仓储物流、流通分销到终端消费的全产业链条,涉及农业、渔业、畜牧业等上游产业,食品制造业、冷链物流业等中游支撑体系,以及商超餐饮服务业、家庭消费等不同消费场景。在这个复杂的系统过程中,环境污染、过程控制缺陷、监管缺失等原因可能导致食品安全问题。因此,构建基于食品全生命周期的全程监控、风险预警和闭环管理的体系是保障食品安全的基础。

在食品生产经营过程中,企业必须严格遵守《中华人民共和国食品安全法》及其实施条例的相关规定,制定并实施控制要求,以保证所生产的食品符合食品安全标准。这包括原料采购、验收、投料等原料控制;生产工序、设备、贮存、包装等生产关键环节控制;原料检验、半成品检验、成品出厂检验等检验控制,以及销售、运输和消费过程等环节控制。

1.2 食品安全应急管理的基本概念

1.2.1 食品安全

食品安全是指食品无毒、无害，符合应当有的营养要求，对人体健康不造成任何急性、亚急性或者慢性危害。食品安全不仅包括食品质量的安全，还涵盖食品数量、卫生、营养等多个方面的安全。食品安全贯穿食品的生产、加工、包装、贮藏、运输、销售和消费等各个环节。例如，餐饮服务行业的食品安全国家标准涵盖了场所与布局、设施与设备、原料采购、运输、验收与贮存、加工过程、供餐、配送、清洁维护与废弃物管理、有害生物防治、人员健康与卫生、培训及食品安全管理等方面的内容。

1.2.2 食品安全危害

食品安全危害是指在食品生产、加工、包装、贮藏和运输等各个环节中，可能对人类健康造成不良影响的生物性、化学性和物理性因素或条件。这些危害因素包括但不限于细菌、病毒、寄生虫、霉菌等生物性危害；重金属（如汞、镉、铅等）、自然毒素（如发芽马铃薯中的龙葵素）、农兽药残留、添加剂、洗消剂及其他化学物质的化学性危害，以及毛发、碎骨、铁屑、木块、碎玻璃等物理性危害。

1.2.3 食品安全管理

食品安全是关系人们身体健康和生命安全的重要问题，也是社会稳定和经济发展的基础。通过加强食品安全管理，可以提高食品质量和安全水平，增强公众对食品的信任感，维护社会稳定和可持续发展。

食品安全管理是指政府及食品相关部门在市场中，动员和运用有效资源，采取计划、组织、领导和控制等方式，对食品、食品添加剂和食品原材料的采购、生产、流通等环节进行管理。其核心目标是预防危害并确保产品不会对消费者造成直接或间接的伤害。

食品安全管理不仅是政府的责任，还需要社会各界的共同参与。企业应加强内部管理，确保从原料种植、养殖到加工、包装、贮藏、运输、销售等各个环节都符合国家强制性标准和要求，甚至高于国家或国际的标准和要求。同时，消费者教育和公众意识的提升也是保障食品安全的重要环节。

随着科技的发展，食品安全管理面临技术手段滞后的挑战。目前通过科学的风险评估和风险控制方法，可以有效地管理和降低食品安全风险。食品安全管理体系（food safety management system，FSMS）是保证食品安全的基础，它包括一系列相互关联的政策、目标和流程，旨在证明生产、操作和供应食品的组织有能力控制食品安全危害和那些影响食品安全的因素。ISO 22000 标准是国际上广泛认可的食品安全管理体系之一，它详细规定了食品安全管理的各项要求和措施。

1.2.4 食品安全风险

食品安全风险是指食品或食品添加剂中可能存在的化学性、生物性和物理性等危害，包括食源性疾病、食品污染及食品中的有害物质等因素。这些危害可能对人体健康造成不良影响，并可能出现在食品生产、加工、运输等各个环节。

食品安全风险分析由三部分组成：风险评估、风险管理和风险交流。风险分析的目的是找出食品中对健康有威胁的不利因素，确定食物安全的具体等级，针对食品出现的安全风险问题提出科学有效的解决方案。

首先，食品安全风险评估是通过科学方法对食品、食品添加剂中生物性、化学性和物理性危害对人体健康可能造成的不良影响进行评估。这一过程包括危害识别、暴露评估、危害特征描述和风险特征描述，以确定暴露量与不良健康影响之间的关系。风险评估的结果是制定和修订食品安全标准的重要依据。

其次，食品安全风险管理的目标是通过选择和实施适当的措施，尽可能有效地控制食品风险，从而保障公众健康。风险管理包括风险评价、风险管理选择评估、执行管理决定及监控和审查4个部分。例如，国家市场监督管理总局发布的《食品安全风险管控清单》把食品安全风险管理要求融入现有管理制度，嵌入日常管理，严防严管严控食品安全风险。

最后，风险交流是风险评估人员、风险管理人员、消费者和其他有关的团体之间就与风险有关的信息和意见进行相互交流。风险交流应当与风险管理和控制的目标相一致。

为了有效管理和控制食品安全风险，《中华人民共和国食品安全法》规定国家建立食品安全风险监测制度，并通过发布相关管理规定来规范食品安全风险监测工作。此外，《中华人民共和国食品安全法》还强调了食品安全的动态性和科学性，要求在立法和监管中平衡科学和技术因素。

1.2.5　食品安全应急管理

食品安全应急管理是一个系统工程，涉及法律法规、应急预案、预警机制、信息通报、应急演练、跨部门协作和社会共治等多个方面。通过建立健全的应急管理体系，可以有效应对食品安全突发事件，保障公众健康和生命安全。

食品安全应急管理的基础是法律法规和政策框架。《中华人民共和国食品安全法》及其实施条例为食品安全管理提供了法律依据，明确了各级政府和相关部门的职责。例如，《中华人民共和国食品安全法》规定，县级以上地方人民政府应当根据有关法律、法规的规定和上级人民政府的食品安全事故应急预案及本行政区域的实际情况，制定本行政区域的食品安全事故应急预案，并报上一级人民政府备案。

应急预案是食品安全应急管理的核心内容。应急预案应包括食品安全事故分级、事故处置组织指挥体系与职责、预防预警机制、处置程序和应急保障措施等。例如，食品安全事故分为特别重大、重大、较大和一般4个级别，不同级别的事故需要启动不同级别的应急预案。

在应急响应过程中，应坚持统一领导、分级负责的原则，迅速启动应急预案，并及时向相关应急指挥部通报情况，落实各项防控措施，有效控制事态发展。此外，食品安全事故应急预案还应包括信息发布工作，依法对食品安全事故及其处理情况进行发布，并对可能产生的危害加以解释、说明。

科学高效的预警机制是做好食品安全危机事件应急管理的关键。预警机制需要收集和分析大量的食品安全信息，包括疫情数据，食品生产、流通和消费的各个环节数据等，以便对食品安全事故进行准确预判，及时发出预警信息。此外，建立食品安全信息通报制度也是重要的环节。及时向社会公布食品安全信息，加强信息沟通和舆论引导，有助于提高公众的风险意识和防范能力。

应急演练是检验和强化应急准备的重要手段。通过桌面推演、现场模拟演练等方式，可以完善应急预案的科学性、合理性、有效性，提升应急处置能力。例如，学校、集中供餐单位应结合自身实际情况，建立集中用餐食品安全应急管理和突发事故报告制度，并组织开展食品安全应急演练。

食品安全应急管理需要跨部门协作和社会共治。各级党委和政府要担负起政治责任，落实"最严谨的标准、最严格的监管、最严厉的处罚、最严肃的问责"要求，并充分调动全社会资源，形成社会共治、全员参与的局面。例如，食品药品监督管理部门应与卫生、农业、质量监督等部门联合开展调查并采取措施。

食品安全事故应急管理和处置工作实行行政领导负责制和责任追究制，纳入绩效考核范围。对于及时有效预防食品安全事故、避免重大损失的行为给予表彰奖励；而对于在食品安全事故处置工作中出现失职行为或构成犯罪的，则依法追究问责。

1.3 食品安全应急管理体系

食品安全应急管理体系是预防和控制食品安全风险的重要手段，其中包含应急预防、应急准备、应急响应和应急恢复。4个环节的紧密配合，可以有效预防和应对食品安全突发事件，最大限度地减少事故带来的危害，保障公众健康与生命安全。

1.3.1 应急预防

应急预防是通过建立监测和预警机制，制定详细的应急预案，明确可能影响食品安全的潜在事故和紧急情况，并在这些情况下做出有效响应，防止和消除食品安全隐患。食品生产经营企业也需制定食品安全事故处置方案，定期检查各项防范措施的落实情况，并及时消除事故隐患。具体措施包括：建立统一的监测、报告和预警网络体系，实现信息共享和资源利用。对可能存在的食品安全隐患进行风险分析和评估，做到早发现、早报告、早预警、早处置。加强对市场巡查、专项整顿和市场准入等监管手段的运用，清除食品安全隐患。

1.3.2 应急准备

应急准备是指为迅速、科学、有序地开展应急行动而预先进行的思想准备、组织准备和物资准备。具体措施包括：制定和完善应急预案，确保预案具有实用性和可操作性。强化应急能力建设，包括人员培训、技术保障和装备物资准备。定期开展应急演练，检验和强化应急准备，并对演习结果进行评估和完善。

1.3.3 应急响应

应急响应是在食品安全事故发生后，迅速采取行动以控制事态发展、减少损失的过程。具体措施包括：根据事故的危害程度和影响大小，将应急响应分为Ⅰ级（特别重大）、Ⅱ级（重大）、Ⅲ级（较大）和Ⅳ级（一般）4个级别，并启动相应级别的应急响应。

启动应急响应后，由相应指挥部统一领导和指挥事故的应急处置工作，组织开展医学救援、事故处置等。及时组织研判事故发展态势,并向事故可能蔓延的地方政府通报信息,提醒其做好应对准备。组织新闻发布,向社会发布事故信息和警示,做好宣传报道和舆论引导。

1.3.4 应急恢复

应急恢复是指在食品安全事故得到有效控制后,采取措施恢复正常秩序的过程。具体措施包括:在事故得到控制并符合一定条件后,终止应急响应。

对事故进行深入调查和分析,撰写事故调查报告,明确责任追究。恢复受害者的正常生活和工作秩序,开展心理疏导和社会稳定工作。总结经验教训,完善应急预案和应急机制,提高未来应对类似事件的能力。

1.4 食品安全事件与事故的内涵

1.4.1 食品安全事件

食品安全事件是指有意或无意造成的食源性风险没有得到控制,且对公众健康构成了严重威胁,需要采取紧急行动的情况。从性质上看,食品安全事件最显著的特征是突发性和不可预测性。从范围上看,食品安全事件的发生具有广泛性。从过程上看,事件发生具有不确定性。与其他事件相比,食品安全事件还表现出发生的普遍性、广泛的关注性、事件的可控性、相互配合的有效性和多重学科的属性等许多独有性质。

随着大数据时代的到来,食品安全事件一经出现就会在网络上迅速传播,如"三文鱼案板上发现新冠病毒""天津某餐饮公司配餐环境脏乱差""酸菜在土坑里腌制""鼠头鸭脖"和"槽头肉制作梅菜扣肉"等食品安全事件,在网络上引发了网民的激烈讨论。信息的爆炸式增长与网络舆情处理变得越发困难,这影响对食品安全事件的监管与治理。由此可见,厘清食品安全事件的发展过程,充分挖掘事件信息,总结各类食品安全事件的底层逻辑,以及对食品安全事件进行有效分析和对网络舆情进行高效处理,在食品安全事件监管、政府决策、解决民生问题等方面具有重要的作用。

1.4.2 食品安全事故

食品安全事故,指食物中毒、食源性疾病、食品污染等源于食品、对人体健康有危害或者可能有危害的事故。食品安全事故共分为4级,即特别重大食品安全事故、重大食品安全事故、较大食品安全事故和一般食品安全事故。事故等级的评估核定,由市场监管部门会同有关部门依照有关规定进行。

由于中国各地域气候和饮食特点不同,因此容易引发食物中毒的因素不同。食品安全形势依然严峻复杂,风险高发和矛盾凸现的阶段性特征仍然明显,各类食品安全事故多发、频发的势头短时期难以根本改变。同时,全媒体时代的到来,加快了信息传播的速度,加剧了影响程度。因此,针对危机酝酿期、危机暴发期、危机持续期和危机恢复期各个阶段的食品安全应急处置问题进行识别和分析,完善应急管理组织架构,加强食品安全事故应急预案与演练、信息监测与报告、先期处置与响应、应急响应措施、信息发布与疏导维稳等机制建设,从而进一步优化食品安全事故防范和应急管理机制体系,尽量提升中国食品安全事故应急管理水平就显得尤为重要。

1.5 食品安全应急管理面临的挑战与发展战略

随着社会经济的快速发展和全球化进程的加速，食品安全问题的复杂性和不确定性日益增强，这给食品安全管理带来了严峻挑战。食品安全事件（如"毒奶粉""地沟油"和"槽头肉"等）的频繁发生，不仅严重威胁了公众健康，也对社会稳定和经济发展产生了负面影响。

1.5.1 先进加工技术与新型食品

先进加工技术是指利用现代科技手段革新传统食品加工工艺的技术体系，而新型食品则是采用新原料、创新技术生产的在成分或外观上区别于传统食品的产品类别。先进加工技术与新型食品给食品安全管理带来诸多挑战，主要体现在以下几个方面。

1）**食品特性的改变**：先进的食品加工技术可以显著改变食品的形态、化学成分和营养成分等特性。例如，3D打印技术不仅能够实现个性化定制，还可能带来新的食品安全风险，如原料标准缺失、食品印刷工艺失控和设备交叉污染的监管问题。

2）**新技术带来的新风险**：非热处理技术（如脉冲高压水处理、紫外线照射、辐照等）虽然克服了传统热处理的局限性，但其面临双重挑战，一是处理技术方面，紫外线处理剂量阈值研究不足，未能明确有效杀菌剂量与维生素损失平衡点；二是包装材料方面，活性包装膜中纳米颗粒可能存在迁移率超标的问题。

3）**消费者接受度和感知问题**：新兴技术在食品中的应用可能会引起消费者的担忧和抵触情绪，特别是当涉及生物农药、纳米技术和新型食品添加剂时，科学准确的沟通至关重要，以避免消费者困惑和排斥新技术。

4）**供应链和市场变化**：随着食品准备行业的重大变化，从大型企业转向中小型企业组成更细分的市场，将导致质量体系认证覆盖率下降，追溯系统完整度低于行业标准。先进加工技术与新型食品兴起带来食品副产物利用率上升，同时带来两大食品风险问题：一是新型食品废弃物转化过程可能产生新型污染物；二是现有标准滞后于技术发展，如大部分再生原料缺乏安全评估规范。政策和法规面临更大的挑战。这使得供应链和市场与消费者需求之间的平衡变得更加复杂，并带来了新的食品安全风险和监管挑战。

5）**长期食用的安全性**：尽管某些新技术如3D打印食品可以利用副产品和废物流，但仍存在将不适合人类食用的废物纳入食品产品的风险。现有的废物管理条例需要进行审查和修订以优化这些协同效应并保护消费者。

6）**技术和设备的培训与支持**：实施新技术需要加快监管审批并为相关人员提供培训和支持，特别是在发展中国家或地区，电力供应不稳定、投资资本短缺、基础设施落后等问题也影响了可持续加工技术的推广。

7）**全球视角下的挑战**：全球人口增长和气候变化为传统食品生产系统带来了严峻挑战，探索与应用新资源和技术是保障未来食品安全供给的重要途径。

值得关注的是预制菜行业与先进加工技术及新型食品不同，但因近年来发展迅猛，成为农业产业升级的新质生产力。预制菜行业通过布局中央厨房、拓展电商平台，以及发展高端产品线等方式，推动市场细分发展，迎来了预制菜在食品市场的更大份额，虽然其在方便性和多样性上受到一定欢迎，但其负面案例和问题也逐渐浮出水面。根据中国消费者协会发布的《2022年上半年全国消协组织受理投诉情况分析》，消费者投诉中包括了预制菜菜品标识不详细，以及外卖、堂食中使用预制菜未告知的情况，这严重损害了消费者的知情权和选择权。消费者对预制菜的投诉主要集中在宣传不符、味道不佳且存在食品安全问题等方面。此外，预制菜进校园也引起了家长的集体抵制，因为担心其中的健康和营养问题。预制菜虽然在便捷性上有优势，但在标识的明确性、与宣传的符合性、食品安全、营养健康及法律合规等方面仍存在诸多问题。这些问题不仅影响了消费者的体验，也对整个行业的健康发展提出了挑战。

1.5.2　信息技术与人工智能的应用

信息技术与人工智能在食品安全管理中的应用体现在多个方面。例如，智能传感器可以实时监测食品成分、有害物质和微生物等，实现预警功能。无损检测技术，如成像技术和光谱技术则用于对食品进行无损检测，以提高检测效率和准确性。大数据和机器学习技术能够对食品安全隐患进行预测和预警，降低风险和损失。例如，通过大数据分析可以识别食品供应链中的安全风险，并可使消费者参与监管。利用物联网技术可以实现食品安全全程追溯管理，确保源头可溯、去向可查、责任可究、全程监控。云计算可以高效处理食品安全监管全过程的大数据，改善信息不对称问题，解决信息孤岛化问题。同时，信息共享平台有助于各方协同治理，形成真正的监管大数据。基于大数据分析的食品安全信息平台，结合云计算、物联网、人工智能等技术，推进智慧监管，实现违法犯罪线索网上排查和案件网上移送。

然而，大数据和人工智能在食品安全监测中的应用需要处理大量敏感数据，存在数据隐私和安全的风险及面临数据缺乏真实性、完整性及数据标注困难等问题。这些问题需要通过区块链技术及数据增强与预处理技术来解决。

1.5.3　应急演练标准化

食品安全事故应急演练是检验应急预案、完善应急准备、磨合响应机制的重要手段。通过标准化的演练，可以有效提高各级政府和相关部门在面对突发食品安全事故时的快速反应能力和协调处置能力。标准化演练能够建立统一的演练流程和技术要求，以确保各地区食品安全事故应急演练的一致性和有效性。

《食品安全事故应急演练要求》（GB/T 45222—2025）明确了演练的基本原则和具体技术要求，为各地提供了指导和规范。我国要求国家级和省级食品安全专项应急预案每3年进行一次应急演练，国家食品安全示范城市定期开展食品安全事故应急演练。食品安全事故应急处置涉及市场监管、卫生健康、公安、农业农村、教育等多个部门，协同处置要求高。标准化演练有助于各部门之间的沟通与协作，以形成高效的联动机制，从而提高整体应急处置效率。标准化演练不仅提高了演练的规范性和科学性，还通过评估报告和总结报告来不断改进应急预案和管理工作，确保每次演练都能取得实效，并为未来可能发生的类似事件提供参考。在标准化的基础上，还可以丰富和创新应急演练的方式方法，如利用虚拟现实（VR）技术进行沉浸式体验演练，或者借鉴国外应急演练的竞赛形式，通过比赛促进双方改进。

1.5.4　网络舆情处理

食品安全应急管理体系的构建还应注重信息的透明化和公开化，及时公布食品安全事件的调查进展和处理结果，以增强公众对食品安全的信任。网络舆情的实时监测是应对食品安全危机的基础。通过建立食品安全舆情实时监测平台，可以及时了解各类媒体对食品安全工作的关注动态，并掌握突发食品安全公共事件的民意变迁。部分地级市设立网络舆情应急处理预案，舆情应对工作领导小组应在舆情发生后的 12h 内根据通稿通过媒体渠道进行正面回复。

随着自媒体的飞速发展，公众对食品安全问题的关注度日益增加。食品生产企业应加强自媒体舆情的应对能力，及时、准确地发布信息，维护企业形象，降低负面影响。同时，企业还应注重与自媒体的互动，积极回应公众关切。舆情应对需要实现线下实体处置与线上舆论引导的良性联动。开展网络舆情监测、管控和研判是应对网络舆情的前提。同时，市场监督管理局内设专门的舆情处置部门，利用线上线下多媒体渠道进行宣传，确保信息传递的及时性和准确性。

1.5.5　应急管理机制研究

面对食品安全风险，建立科学的食品安全应急管理体系至关重要。这包括建立食品安全风险预警系统，对可能发生的食品安全问题进行早期识别和预警。当前的食品安全管理体系在应对突发食品安全事件时，还存在反应迟缓、协调不足、信息公开不透明等问题，亟须进一步完善。

食品安全管理涉及多个部门，包括政府监管部门、公私企业和其他行业协会等部门。因此，上到国家层面，下到街镇层面，均成立了市场监管、卫生健康、农业农村、公安、教育、生态环境、宣传、财政等部门组成的食品安全委员会（简称食安委），食安委下设办公室（食品安全委员会办公室），以期落实食品安全的全方位、全覆盖、全流程的监管，并加强成员单位之间的沟通协调，形成社会共治的局面。

提高应急响应和处置能力是确保食品安全的关键。各级政府应加强舆情监测，建立重大舆情收集、分析研判和快速响应机制，确保在突发事件发生后能够及时有效地进行处置，以最大限度地减轻事故危害。

建立高效的食品安全应急标准化工作机制，增强技术储备，变"被动应对"为"主动预防"，积极应对食品安全突发事件十分必要。通过技术手段判定和识别食品中的危害物质、掺杂物质等，可以有效提升食品安全监管水平。

【本章小结】

综上所述，食品安全应急管理是一项综合系统工程，需要在食品全生命周期管理、法规建设、风险预警、应急响应和信息透明化等方面多管齐下，以确保公众的食品安全，维护社会和谐稳定。

参 考 文 献

国家市场监督管理总局，国家标准化管理委员会. 2025. 食品安全事故应急演练要求：GB/T 45222—2025.

北京：中国标准出版社.

国家市场监督管理总局，教育部，工业和信息化部，等. 2024. 关于加强预制菜食品安全监管 促进产业高质量发展的通知：国市监食生发〔2024〕27号.（2024-03-18）[2025-05-20]. https://www.gov.cn/zhengce/zhengceku/202403/content_6940808.htm.

国家卫生健康委员会，国家市场监督管理总局. 2021. 食品安全国家标准 餐饮服务通用卫生规范：GB 31654—2021. 北京：中国标准出版社.

李怀林. 2009. 食品安全管理体系通用教程. 北京：中国计量出版社.

李燕杰，田奉，何秋实. 2024. 餐饮食品安全控制. 武汉：华中科技大学出版社.

罗云波，吴广枫. 2023. 食品安全管理学. 北京：科学出版社.

任建超. 2017. 食品安全事件应急管理研究. 北京：中国农业大学博士学位论文.

王艺颖. 2022. 食品安全事件智能分析方法研究与实现. 天津：天津科技大学硕士学位论文.

张伟津. 2018. 广东省食品安全事故应急管理机制研究. 广州：华南理工大学硕士学位论文.

2 食品安全危害

食品安全危害作为具有显著健康风险的物质性致害因子,特指在食品全生命周期(生产、加工、包装、储运、销售及消费)各环节中,因自然生成或人为介入产生的可能引发生理损伤、疾病传播或慢性毒害的生物性、化学性与物理性风险要素。按照食品安全危害的来源划分,生物性危害主要涉及具有代谢活性的食源性病原体,涵盖致病菌、食源性病毒、寄生虫及产毒真菌等,其危害强度与微生物载量、毒素分泌量及宿主免疫状态呈正相关;化学性危害则包括重金属、农药残留、兽药残留、加工过程衍生物、非法添加物、天然毒素及其他有机污染物等,其风险阈值需通过毒理学评估确定;物理性危害涉及食品中外源性混入的硬质异物(金属碎屑、玻璃残片、矿物颗粒)及软性杂质(塑料微粒、昆虫残体、包装纤维),这些异物的尖锐度、粒径尺寸及摄入部位直接决定其致伤程度。

【案例导入】

在水产品市场中,虾仁一直备受消费者喜爱。然而,部分虾仁生产企业违规、超量添加保水剂,常用的复合磷酸盐被大量使用,其并非单纯为了保持虾仁水分、提升口感和延长保质期,而是为了给虾增重。按照国家规定,冷冻虾仁中磷酸及磷酸盐以磷酸根计,每1000g最大使用量为5g,即千分之五。但这些企业为了追求利益,根据客户需求定制不同规格的虾仁,导致虾仁磷酸盐含量严重超标。例如,一家企业的虾仁磷酸盐添加量高达千分之三十,浸泡时间长达十几个小时,保水率高达20%;且虾仁泡完药后,还会通过包冰进行二次增重,1000g虾仁解冻之后甚至只会剩下300g。这些企业在成品外包装上,并不标注保水剂成分,仅标明虾仁和水。长期过量摄入磷酸盐,可能会导致消化系统问题、人体钙磷比失衡、缺钙,甚至引发心血管疾病。

【学习目标】

掌握食品全生命周期的危害物形成与转化。

掌握各类食品中毒内容及其危害。

掌握各类食物过敏的内容及预防与应对,熟悉各类其他食品安全潜在危害。

2.1 食品全生命周期的危害物形成与转化

食品全生命周期,作为一个综合性概念,涵盖了从农田到餐桌的每一个环节,具体包括食品的生产、加工、包装、贮藏、运输、销售和消费等各个环节的安全管理。在这一系列复杂的过程中,食品可能受到各种物理、化学和生物因素的影响,从而导致危害物的形成与转化。这些危害物可能以天然存在、环境污染、加工过程中产生或微生物污染等多种形式出现,以对人体健康构成潜在威胁。

2.1.1 食品生产阶段的危害物形成

2.1.1.1 生物和化学因素

（1）病原菌

在食品生产阶段，病原菌污染是一个不可忽视的问题，它直接关系食品的安全性和消费者的健康，如沙门菌、大肠杆菌、李斯特菌、金黄色葡萄球菌等，它们广泛存在于自然环境中。这些病原菌可能通过各种途径污染食品原料，进而在加工、包装、贮藏、运输和销售等过程中扩散。

病原菌进入人体后，会引起一系列的健康问题。轻者可能出现腹泻、呕吐等胃肠道症状，重者可能导致败血症、脑膜炎等严重疾病，甚至危及生命。特别是对于免疫力低下的人群，如婴幼儿、老年人、孕妇及患有慢性疾病的人，病原菌的危害更为严重。

（2）寄生虫

寄生虫如肝吸虫、肺吸虫、旋毛虫等，主要存在于水产品、肉类等动物性食品中。这些寄生虫进入人体后，会在肠道或其他部位寄生并繁殖，导致寄生虫病的发生。寄生虫病的症状因寄生虫种类而异，但通常包括腹痛、腹泻、消瘦、贫血等。

（3）生物毒素

生物毒素是由生物体（如细菌、真菌、藻类等）产生的有毒物质。这些毒素可能通过污染食品原料或加工过程进入食品中。例如，某些霉菌在谷物中生长时会产生黄曲霉毒素等致癌物质；某些藻类在生长过程中会产生贝类毒素等神经毒素。生物毒素具有高度的毒性和稳定性，能够在食品中长时间存在并对人体健康造成危害。

（4）农药残留

农药是农产品中常见的化学危害物之一。农药的使用对于提高作物产量、防治病虫害具有重要意义，但过量或不当使用却可能会导致农药残留问题。

2.1.1.2 环境污染

（1）土壤污染

土壤污染是指人类活动或自然过程导致的有害物质在土壤中积累，超过土壤自净能力，对土壤生态系统造成损害的现象。

土壤污染会导致土壤肥力下降、结构破坏，影响植物的正常生长和发育。同时，土壤中的有害物质会通过食物链进入人体，对人体健康造成潜在威胁。例如，重金属（如铅、镉等）在人体内积累后，可能引发神经系统、消化系统等多方面的健康问题。

（2）水源污染

水源污染会直接影响农产品的灌溉、牲畜的饮用、食品的清洗和加工等环节，直接关系到食品的安全性。此外，水源污染还会对水生生态系统造成破坏，影响水资源的可持续利用。

（3）空气污染

空气污染可能通过影响作物生长、加工环境等方式间接影响食品的安全性。空气污染会影响作物的光合作用和呼吸作用，导致作物生长受阻，进而产量下降和品质变差。同时，空气中的有害物质还可能通过沉降等方式附着在食品表面或进入食品内部，对人体健康造成潜在威胁。

2.1.2 食品加工环节中的危害物转化

2.1.2.1 物理处理的影响

（1）高温处理

高温处理会造成诸多营养成分损失，如高温处理会破坏许多水溶性维生素，如维生素C和B族维生素。同时，高温处理还可能破坏食品中的氨基酸，因此，高温处理后的食品蛋白质含量可能下降。此外，高温会使食品中的一些碳水化合物分解为糖类，导致食品的口感和质地发生变化，并可能增加食品的糖分含量。

在高温烹调过程中，食品中的成分会经历复杂的物理化学反应，导致新物质的生成。例如，煎炸过程中，油脂在高温下会氧化分解，产生自由基、丙烯酰胺等有害物质；同时，食品中的糖类与氨基酸在高温下会发生美拉德反应，生成具有致癌风险的杂环胺类物质。此外，高温还可能促使食品中的硝酸盐转化为亚硝酸盐，后者在胃酸的作用下可转化为强致癌物亚硝胺。

（2）机械操作

在食品加工过程中，切割、研磨等机械操作是常见的预处理步骤，它们能够显著改变食品的物理结构。但这个过程可能会引入危害物。例如，切割、研磨设备上的金属或塑料部件，在长时间使用后可能会磨损和老化，产生固体碎屑，这些碎屑可能混入食品中造成污染。如果机械处理设备清洁不彻底，容易滋生微生物，如细菌、霉菌等，这些微生物可能通过接触食品表面而污染食品。此外，润滑剂、清洗剂等化学物质在设备维护过程中可能会残留，通过机械操作间接污染食品。

2.1.2.2 食品添加剂的使用与影响

在食品加工过程中，食品添加剂的使用是普遍且必要的，它们主要起到改善食品品质、延长保质期、增强食品感官特性等作用。但与此同时，添加剂的超标使用或不当使用会直接导致食品中的有害物质含量增加，对消费者的健康构成威胁。超标使用的防腐剂可能使食品中的残留量超过安全限量，长期摄入可能引发慢性中毒；抗氧化剂的不当使用可能导致食品中出现氧化产物积累，影响食品的安全性和营养价值；而色素的滥用则可能掩盖食品的真实质量，误导消费者，并增加健康风险。

2.1.2.3 发酵技术对危害物转化的影响

发酵是一种利用微生物在特定条件下对食品原料进行生物转化的过程。这些微生物通过分解、合成等代谢活动，不仅赋予食品独特的风味和质地，还可能参与危害物的转化。

一些食品原料中可能含有天然毒素或有害物质，如豆类中的胰蛋白酶抑制剂、谷物中的植酸等。在发酵过程中，特定的微生物能够降解或转化这些毒素，降低其毒性或去除其对人体健康的潜在威胁。此外，发酵过程中形成的酸性环境、抗菌物质及微生物间的竞争关系，共同构成了一个对有害微生物不利的生存环境。这种环境能够有效抑制有害微生物的生长和繁殖，从而减少食品中病原菌和腐败菌的污染。

但与此同时，发酵过程中也可能生成潜在有害物质。例如，某些微生物在缺氧条件下可能产生生物胺等有害物质。

2.1.3 食品包装、贮藏与运输中的危害物变化

2.1.3.1 包装材料的危害

（1）塑料包装

塑料包装因其轻便、耐摔、成本低等优点被广泛应用于食品包装领域。然而，某些塑料包装材料在生产过程中为了增加其柔韧性和耐用性，会添加塑化剂，如邻苯二甲酸酯类。这些塑化剂在与食品接触时，特别是在高温、油脂或酸性环境下，容易发生迁移，对食品造成污染。

（2）金属包装

金属包装，如铝罐、铁罐等，在生产过程中可能含有重金属元素，如铅、镉、铬等，这些重金属在包装与食品接触的过程中，可能会因腐蚀、磨损或化学反应而析出，对食品造成污染。

（3）纸质包装

部分纸质包装在生产过程中为了提高纸张的亮度和印刷效果，可能会使用荧光增白剂和含重金属的油墨。荧光增白剂在与食品接触时可能迁移到食品中，对人体健康造成潜在威胁；而油墨中的重金属和有机溶剂则可能通过包装材料的孔隙或裂缝渗透到食品中，造成污染。

2.1.3.2 贮藏和运输过程中的危害物形成

（1）温度和湿度

贮藏温度和湿度是影响食品中微生物生长和酶活性变化的重要因素。过高的温度会加速微生物的代谢活动，促进细菌、霉菌等有害微生物的繁殖，导致食品腐败变质。同时，某些酶在适宜的温度下也会表现出较高的活性，加速食品内部的生化反应，如脂肪氧化、蛋白质分解等，从而影响食品的品质和安全性。另外，过低的温度虽然能抑制微生物的生长和酶的活性，但也可能导致食品中的水分结冰，破坏食品的组织结构，影响食品的口感和营养价值。

（2）氧化反应

氧化反应是食品在贮藏和运输过程中常见的化学反应之一。食品中的油脂、蛋白质、维生素等营养成分在氧气的作用下容易发生氧化，导致营养价值的降低和有害物质的生成。例如，油脂氧化会产生过氧化物、醛类、酮类等有害物质，这些物质不仅影响食品的口感和风味，还可能对人体健康造成危害。蛋白质氧化则会导致其结构和功能的变化，降低其营养价值。此外，维生素等抗氧化物质在氧化过程中也会逐渐消耗，进一步降低食品的营养价值。

（3）交叉污染

交叉污染是贮藏和运输过程中常见的污染风险之一，它指的是不同食品之间因直接或间接接触而发生的污染物转移。这种污染可能发生在多种情况下，如仓库或运输车辆内同时放置多种食品时，如果包装破损或密封不严，食品的汁液、粉末等就可能相互渗透，导

致交叉污染。此外，工作人员的不当操作，如未对仓库和运输工具进行彻底清洁和消毒，也可能成为交叉污染的源头。交叉污染不仅可能引入有害微生物和化学物质，还可能破坏食品原有的风味和营养成分，对消费者的健康构成威胁。

2.1.4　销售与消费环节中的食品安全问题

2.1.4.1　销售过程中的质量控制

（1）保质期管理

保质期管理是销售过程中保证食品安全的基础。所有上架销售的食品必须明确标注生产日期、保质期及贮藏条件等信息，以便消费者和销售人员能够准确判断食品的新鲜度和可食用期限。销售人员应定期检查货架上的食品，确保无过期或即将过期的食品出售。一旦发现过期食品，应立即下架并按规定处理，避免其流入市场。同时，对于需要冷藏或冷冻的食品，销售人员还需特别关注其贮藏温度是否符合要求，以防止温度不当导致的食品变质。

（2）销售环境的卫生状况

销售环境的卫生状况直接影响食品的二次污染风险。因此，销售场所应保持良好的清洁卫生，定期进行彻底的清洁和消毒。这包括但不限于地面、墙面、货架、冷藏展示柜等设施的清洁，以及销售工具的消毒。此外，销售人员也需保持良好的个人卫生习惯，如穿戴整洁的工作服、佩戴手套、定期洗手等，以降低人为因素导致的食品污染风险。同时，销售场所还应避免存放有毒有害物质，以确保食品与非食品物品的有效隔离，防止交叉污染的发生。

2.1.4.2　消费者行为与食品安全

（1）消费者识别与避免有害食品的能力

消费者应具备识别并避免有害食品的基本能力。这要求消费者掌握一定的食品安全知识，能够识别食品包装上的关键信息，如生产日期、保质期、生产厂家、配料表及贮藏条件等。同时，消费者还需关注食品的外观、气味和口感，对于异常变化的食品应保持警惕，避免购买和食用。此外，了解食品安全标签制度，如转基因食品标识、过敏原信息标注等，也是消费者保护自身健康的重要措施。当面临不确定或疑似有害的食品时，消费者应主动询问销售人员或咨询专业机构，以确保食品的安全性。

（2）食品安全知识的普及与教育

为了提升消费者的食品安全意识和识别能力，必须加强食品安全知识的普及与教育。政府、行业协会、食品生产企业及媒体等各方应共同努力，通过多种渠道和形式向公众传播食品安全知识。这包括但不限于举办食品安全讲座、发布食品安全指南、在媒体上刊登食品安全宣传文章等。特别地，针对儿童和青少年等易受影响群体，应设计更具针对性和趣味性的食品安全教育活动，激发他们的学习兴趣，培养他们从小养成良好的食品安全习惯。此外，建立便捷的食品安全信息查询平台，方便消费者随时获取权威的食品安全信息，也是提升消费者食品安全知识水平的有效途径。通过广泛的食品安全知识普及与教育，可以增强消费者的自我保护能力，减少因消费者行为不当导致的食品安全问题。

2.2 食物中毒危害

食物中毒（food poisoning）是指食用了被有毒有害物质污染的食品或者食用了含有毒有害物质的食品后出现的急性、亚急性非传染性疾病，是除暴饮暴食而引起的急性胃肠炎、食源性肠道传染病、寄生虫病和食物过敏外的一种食源性疾病。食物中毒是全球性的公共卫生问题，其普遍性和重要性不容忽视。它不仅威胁个人健康，还对社会经济造成重大损失，增加医疗负担，降低劳动生产力。

食物中毒的发病具有以下共同点：没有人传人之间的传染过程，潜伏期短，发病呈暴发性，短时间内多数人发病；中毒的临床表现相似，多数为急性胃肠炎症状，如恶心、呕吐、腹痛、腹泻等，伴或不伴其他系统症状；发病与食物相关，患者在近期内食用过同样的食物，发病范围局限于食用该有毒有害食物的人群；食物中毒者对其他人没有传染性；发病曲线呈突然上升后又迅速下降的趋势，无传染病流行时的余波。

食物中毒的发病特点类似，但引起中毒的原因各不相同，按照病原物的来源主要可分为微生物性（细菌性、真菌性、病毒性）食物中毒、化学性食物中毒、有毒动植物食物中毒。各种食物中毒的原因和对人体健康的危害简述如下。

2.2.1 微生物性食物中毒

2.2.1.1 细菌性食物中毒

细菌性食物中毒是指人摄入被致病细菌或其毒素污染的食物后，发生急性或亚急性疾病。细菌性食物中毒是我国食物中毒事件的主要类型，我国每年发生的细菌性食物中毒事件占食物中毒事件总数的30%～90%，人数占食物中毒总人数的60%～90%。细菌性食物中毒多发生在夏秋季节，其发病机制可分为感染型、毒素型和混合型三种，不同中毒机制的临床表现通常不同，主要以急性胃肠炎为主，如恶心、呕吐、腹痛、腹泻等。感染型食物中毒潜伏期相对较长，常伴有发热。毒素型食物中毒潜伏期长短不一，少有发热或仅有低热。以下简述几种常见的引起细菌性食物中毒的致病细菌。

（1）沙门菌

沙门菌常寄生在人类和动物的肠道中，是一种重要的食源性致病菌。主要污染动物性食品，尤其是畜肉及其制品，其次是禽肉、蛋类、乳类及其制品。沙门菌感染后一般经过4～48h的潜伏期，主要症状为恶心、头疼、呕吐、寒战及腹泻，腹泻次数每日可达十余次，发热可达到40℃。病情发展程度可因摄入量及被感染人敏感程度的不同而不同。

（2）金黄色葡萄球菌

金黄色葡萄球菌在自然界分布广泛，尤其是创伤化脓感染患者和上呼吸道感染患者鼻腔带菌率高。中毒食品常见于奶及奶制品、蛋类和各类熟肉制品等。金黄色葡萄球菌食物中毒属毒素型食物中毒，摄入达到中毒剂量的肠毒素才会中毒。潜伏期一般为2～5h，起病急，主要表现为明显的胃肠道症状如恶心、呕吐、中上腹痛及腹泻，以呕吐最为显著。儿童对肠毒素比成人更为敏感，发病率较成人高，病情也较成人重，但病程较短，一般在1～3d症状消失并痊愈。

(3) 副溶血性弧菌

副溶血性弧菌主要污染海产食品，以墨鱼、带鱼、虾、蟹最多见，故沿海地区为高发区。感染该菌后的潜伏期为2～40h，典型症状是急性胃肠炎，如呕吐、腹痛、腹泻、发热等，以剧烈腹痛、脐部阵发性绞痛为主要特点。这些症状通常在进食后短时间内出现，病程短，及时治疗预后良好。避免食用不洁海产品，尤其是未煮熟的海鲜，是预防此类食物中毒的关键。

2.2.1.2 真菌性食物中毒

真菌性食物中毒是指人摄入了含有真菌所产生的真菌毒素的食物而引起的中毒现象。真菌毒素是由真菌产生的具有毒性的二级代谢产物。真菌的生物学特性决定了它污染的对象主要是潮湿的或半干燥的贮藏食品，尤其是粮食等植物性食品。用一般的烹调方式，如加热处理不能破坏食品中的真菌毒素。从真菌毒素危害的部位区分，真菌毒素的危害大致分为肝毒、肾毒、神经毒、光敏性皮炎毒。常见的真菌性食物中毒及其危害简述如下。

(1) 黄曲霉毒素中毒

黄曲霉毒素是黄曲霉和寄生曲霉产生的代谢产物，主要污染花生、玉米及其制品，在豆类、谷类、薯类、奶类等中也常被发现。中毒症状是发热、呕吐、厌食、黄疸，严重时出现腹水、下肢浮肿、疼痛等表现。黄曲霉毒素的毒性极强，主要作用于机体肝，表现为肝细胞变性、坏死、出血及胆管增生。持续摄入污染黄曲霉毒素的食物，则会造成慢性中毒，表现为生长障碍，肝出现亚急性或慢性损伤。黄曲霉毒素不仅有较强毒性，也具有明显的致癌性，于1993年被世界卫生组织的癌症研究机构划定为一类致癌物。从肝癌流行病学调查研究中发现，凡是食品中黄曲霉毒素污染严重且摄入量又高的地区，人群中肝癌发病率也高。

(2) 赤霉病麦中毒

赤霉病麦中毒是指食用被镰刀菌（主要是禾谷镰刀菌）感染的小麦、玉米等谷物引起的食物中毒。赤霉病麦食物中毒主要由两种霉菌毒素引起，一种是引起呕吐作用的赤霉病麦毒素，另一种是具有雌性激素作用的玉米赤霉烯酮。赤霉病麦毒素中毒的主要症状是呕吐，人误食后多数在1h内出现恶心、眩晕、头痛、腹痛、腹泻等。玉米赤霉烯酮主要作用于生殖系统，妊娠期动物和人食用含有该毒素的食物可引起流产、死胎和畸胎。

其他的真菌类食物中毒如霉变甘蔗中毒、黄变米中毒等均能引起机体损伤。

2.2.1.3 病毒性食物中毒

病毒性食物中毒是指人摄入病毒污染的食品而发生的食物中毒。病毒在食物中毒致病因素中的比例逐年上升，综合美国、日本、中国（香港）等地的数据，可以大致估计病毒性食物中毒占查明原因的食物中毒的比例为8%～20%。病毒对食品的污染不像细菌那么普遍，但一旦发生污染，产生的后果较严重。病毒主要来源于病毒和病毒携带者，受病毒感染的动物、环境及水产品中的病毒。通过食品传播的病毒主要有诺如病毒、轮状病毒、肝炎病毒、禽流感病毒及其他病毒。

(1) 诺如病毒

诺如病毒是引起非细菌性腹泻暴发的主要病原体之一。诺如病毒具有感染性强、传播速度快、发病急、波及范围广、变异快、人群普遍易感等特点，这些特点使得诺如病毒在公共卫生领域备受关注。诸如病毒的传播主要通过粪-口途径实现，直接接触感染者的排泄物或间接接触被病毒污染的食物、水及生活环境等均可导致感染。由其引发的胃肠炎是自限性疾病，多数患者发病后 2~3d 即可康复，严重者及时补充水和电解质以维持体液平衡，不需要抗病毒治疗。

（2）轮状病毒

轮状病毒是引起婴幼儿腹泻的最重要的病原之一，通常发病季节为晚秋和冬天。轮状病毒的传播方式多样，主要通过粪-口途径传播，同时也存在通过呼吸道吸入含有病毒颗粒的空气或接触被病毒污染的物品而间接感染的风险。感染轮状病毒后，婴幼儿常会在 1~3d 的潜伏期内逐渐显现症状，主要表现为急性胃肠炎的临床特征，病程一般为 6~7d，严重者可能出现脱水、电解质紊乱甚至死亡。目前轮状病毒感染没有特效药，及时接种轮状病毒疫苗成了预防这一疾病的最有效手段。

（3）其他病毒

能够引起食物中毒并通过食品传播的病毒还有很多，包括肝炎病毒、冠状病毒、禽流感病毒等。这些病毒在特定条件下可能通过受污染的食品、水源或其他途径进入人体，引发相应的疾病。因此，在食品加工和食用过程中，应严格遵守卫生规范，确保食品的安全性和卫生性。

2.2.2　化学性食物中毒

化学性食物中毒是指食用被某些化学物质污染的食物所引起的中毒现象。污染食物的化学物质非常多，通常包括一些有毒金属、非金属及其化合物、农兽药、食品添加剂及从包装材料和容器中迁移到食品的有害物质等。化学性食物中毒直接威胁人体的生命健康，可以短时间引发急性中毒症状，出现头痛、恶心、呕吐、腹泻等，严重者可导致休克、昏迷甚至死亡；长期低剂量摄入某些有毒化学物质还可能导致慢性中毒，逐渐损害肝、肾、神经系统等，引发多种慢性疾病，增加致畸致癌致突变的风险。以下简要介绍几种有毒化学物质食物中毒的危害。

2.2.2.1　重金属食物中毒

食物中的重金属以汞、铅、镉的危害最为严重。重金属进入人体后，可与组织的蛋白质结合，从而使蛋白质变性，产生毒性，尤其是酪蛋白的变性，会严重影响机体的生命活动。例如，铅主要经口摄入和通过皮肤吸收的方式进入机体，可造成急慢性中毒，主要损伤神经系统、造血系统和肾。铅对儿童的危害较大，主要损害儿童脑组织，造成儿童智力发育迟缓等。鱼、贝类是汞的主要污染食品，汞可以在食物链中不断富集，当人体摄入被汞污染的食品时，部分汞可以通过尿、粪和毛发排出，未能排出的汞分布于全身组织和器官，但在肝、肾、脑等部位含量最高。毒性较高的甲基汞主要侵犯神经系统，可对小脑和大脑造成永久性损伤。镉中毒主要损伤肾、骨骼、消化系统和呼吸系统等。肾是镉中毒的主要靶器官，易导致肾小管功能障碍和肾损害。此外，镉还能引起骨质疏松、贫血、畸形、癌变、血压变化等。

2.2.2.2　农兽药残留食物中毒

农兽药残留引起的食物中毒对人体健康构成严重威胁。危害较大的化学合成农药对人体可产生急慢性毒性和致癌、致畸、致突变等作用。目前广泛使用的化学合成农药主要是有机磷酸酯类农药，该类农药常因误用导致机体急性中毒，主要表现为毒蕈碱样、烟碱样和中枢神经系统症状。兽药残留危害同样不容忽视，除包括急慢性中毒和三致作用外，还能刺激人体引发激素反应、过敏反应、产生耐药菌株和破坏肠道菌群的平衡。多国学者研究证明，在乳、肉和动物脏器中都存在耐药菌株，当人体摄入后，这些耐药菌会给临床上感染性疾病的治疗增加难度。因此，加强农兽药管理和监管，确保食品安全至关重要。

2.2.3 有毒动植物食物中毒

有毒动植物食物中毒是一种误食含有天然毒素的动植物而引起的中毒现象，这些毒素可能存在于植物的果实、茎叶、根部、花朵，动物的内脏、血液、肌肉等部位。这类中毒事件虽然不如微生物性食物中毒常见，但往往后果十分严重，甚至危及生命，并且也可能对环境和生态系统产生影响。

自然界有毒的动物种类很多，所含毒素的成分也比较复杂，食物中比较常见的动物中毒事件有河鲀鱼中毒、鱼类引起的组胺中毒、贝类中毒和动物腺体中毒等。河鲀毒素主要作用于神经系统，潜伏期很短，一般在食用后 10min 至 3h 即可发病。表现为口唇和四肢麻木、头晕、恶心、呕吐，严重时会导致呼吸麻痹和死亡，需及时就医。组胺中毒的毒理机制类似过敏反应，症状包括面部潮红、皮疹、头痛、心悸、腹痛、恶心和呕吐，多在食用后数分钟至数小时内出现。多数情况不严重，通过抗组胺药物可缓解症状，严重者需就医。贝类中毒的毒素主要包括麻痹性贝毒、腹泻性贝毒和失忆性贝毒等，均是贝类摄入有毒藻类产生的毒素导致。麻痹性贝毒引发神经系统症状，如口唇麻木和呼吸困难；腹泻性贝毒导致胃肠症状，如腹泻和呕吐；失忆性贝毒则可引起神经系统损害和短期记忆丧失。

植物性食物中的毒物种类较多，依其化学结构可分为毒苷类、生物碱类、有毒植物蛋白类、毒酚类等。植物毒素毒性大小差异很大，临床表现各异，救治办法不同，预后也不一样。除急性胃肠道症状外，神经系统症状较为常见和严重，抢救不及时则会导致死亡。例如，苦杏仁含氰苷最多，氰苷进入机体发生系列反应，导致组织缺氧而陷入窒息状态。苦杏仁中毒时，会出现消化道不适、呼吸困难、神经系统异常（如头晕头痛）等。生物碱类中毒较为重要的食物来源是马铃薯和黄花菜，食用发芽的马铃薯会出现肠胃不适，不当食用黄花菜会出现口渴、咽干、呕吐等症状。

2.3 食物过敏危害

2.3.1 食物过敏的定义

食物过敏（food allergy，FA）是指机体对食物中的特定成分（主要为变应原或过敏原）产生的异常免疫应答反应，这种反应可导致生理功能紊乱或组织损伤，并引发一系列临床症状。从免疫学机制来看，食物过敏主要涉及免疫球蛋白 E（immunoglobulin E，IgE）介导的 I 型超敏反应，同时也存在非 IgE 介导或混合型免疫反应途径。随着全球食品安全问题的日益突出，食物过敏已成为继哮喘之后的新一轮过敏性疾病，被学界称为"第二波过敏流行病"。流行病学研究显示，食物过敏的发病率存在显著的地域和年龄差异。美国疾控中心数据显示，约 8% 的 18 岁以下儿童存在食物过敏问题，其中 2.4% 表现为多重食物过敏。

我国最新的大规模流行病学调查（涵盖 31 个城市 337 560 名 0～14 岁儿童）表明，全国儿童食物过敏总体患病率为 5.83%，呈现明显的区域分布特征：华东地区（7.38%）和东北地区（7.03%）显著高于西北地区（4.35%）。这种差异可能与饮食习惯、环境因素及遗传背景等多种因素相关，具体机制仍需进一步研究阐明。值得注意的是，食物过敏不仅影响患者的生活质量，还可能引发过敏性休克等严重并发症，这对食品安全风险防控提出了新的挑战。

2.3.2 食物过敏的种类

食物过敏根据免疫学机制的不同，主要分为免疫球蛋白 E（IgE）介导型、非 IgE 介导型及 IgE 与非 IgE 共同介导型三大类。这三类过敏反应在发病机制、临床表现及病程进展上均存在显著差异，对食品安全风险评估和应急管理具有重要的指导意义。

（1）IgE 介导型食物过敏

IgE 介导型食物过敏反应是目前研究最为深入的一类食物过敏，其机制可分为致敏阶段和效应阶段。在致敏阶段，机体首次接触食物变应原（如花生蛋白、牛奶 β-乳球蛋白等）后，Th2 型免疫应答占主导，促使 B 细胞产生特异性 IgE，这些 IgE 与肥大细胞和嗜碱性粒细胞表面的高亲和力 FcεRI 受体结合，使机体处于致敏状态。当再次摄入相同变应原时，抗原与细胞表面 IgE 交联，触发肥大细胞脱颗粒，释放组胺、白三烯、前列腺素等炎性介质，进而引发速发型超敏反应。

IgE 介导的过敏反应通常起病急骤（数分钟至 2h 内），临床表现多样，可累及多个系统。
1）皮肤黏膜系统：荨麻疹、血管性水肿、瘙痒等。
2）呼吸系统：鼻塞、喉头水肿、支气管痉挛，严重者可致窒息。
3）消化系统：恶心、呕吐、腹痛、腹泻，甚至血便。
4）心血管系统：血压骤降、心律失常，最严重时可发生过敏性休克，若不及时救治可危及生命。

（2）非 IgE 介导型食物过敏

非 IgE 介导型食物过敏反应主要由 T 细胞或其他免疫细胞介导，其发病机制复杂且尚未完全阐明，通常表现为迟发型反应（数小时至数天后出现症状）。此类过敏主要累及胃肠道，常见疾病包括以下几种。

1）食物蛋白诱导性小肠结肠炎综合征（food protein-induced enterocolitis syndrome，FPIES）：多见于婴幼儿，典型表现为反复呕吐、腹泻，严重者可出现脱水、代谢性酸中毒。

2）食物蛋白诱导的过敏性直肠结肠炎（food protein-induced allergic proctocolitis，FPIAP）：以黏液血便为主要特征，常见于母乳喂养婴儿。

3）食物蛋白介导的肠病（food protein-induced enteropathy，FPE）：可导致慢性腹泻、吸收不良及生长发育迟缓。

（3）IgE 与非 IgE 共同介导型

IgE 与非 IgE 共同介导型兼具 IgE 和非 IgE 介导的免疫特征，临床病程更为复杂，典型疾病包括以下几种。

1）特应性皮炎（atopic dermatitis，AD）：部分患者与食物过敏相关，表现为慢性、复发性皮肤炎症。

2）嗜酸性粒细胞性胃肠道疾病（eosinophilic gastrointestinal disease，EGID）：如嗜酸性粒细胞性食管炎，以食管黏膜嗜酸性粒细胞浸润为特征，临床表现为吞咽困难、食物嵌塞及胸痛。

食物过敏的分类与机制研究对食品安全应急管理至关重要。IgE 介导型过敏需重点关注快速识别与急救（如肾上腺素自动注射器的配备），而非 IgE 介导型则需加强长期膳食管理与临床监测。此外，IgE 与非 IgE 共同介导型过敏的复杂表现要求食品安全监管体系建立多学科协作机制，以提升过敏原标识、风险评估及突发事件的应急处置能力。

2.3.3 食物过敏的危害

2.3.3.1 急性反应

食物过敏的急性反应可能包括荨麻疹、呼吸困难、血管性水肿、过敏性休克等，严重时甚至危及生命。食物过敏的急性反应是最为人们所熟知的，也是最为危险的。这些反应可能在摄入过敏原后几分钟内迅速发生，包括但不限于以下几种：荨麻疹和瘙痒、呼吸道症状、血管性水肿、过敏性休克。这些急性反应需要立即就医，否则可能危及生命。

2.3.3.2 慢性影响

除了急性反应，食物过敏还可能导致慢性健康问题，这些问题可能长期困扰患者，影响其生活质量。长期暴露于过敏原中可能导致慢性炎症，影响消化系统、皮肤和呼吸道健康，还可能导致消化系统炎症，如胃炎、肠炎等。此外，慢性荨麻疹、湿疹等皮肤问题可能反复发作，给患者带来不适。另外，长期的过敏性鼻炎、哮喘等呼吸道问题可能导致慢性咳嗽、呼吸困难等症状。

2.3.3.3 心理社会影响

食物过敏患者需时刻警惕食物选择，这可能影响其社交活动和生活质量。对食物过敏的担忧可能导致焦虑、抑郁等心理问题。由于需要避免特定食物，食物过敏患者可能在社交场合感到不便，甚至被孤立。长期的饮食限制和健康问题可能影响患者的生活质量。

2.3.4 食物过敏的识别

1）常见过敏原：包括牛奶、鸡蛋、花生、坚果、鱼类、甲壳类动物、小麦、大豆等。
2）症状识别：食物过敏的症状可能包括皮肤症状（如荨麻疹、瘙痒）、呼吸道症状（如哮喘、鼻炎）、消化系统症状（如恶心、呕吐、腹泻）等。
3）诊断方法：皮肤点刺试验、血清特异性 IgE 检测和口服食物挑战是常用的食物过敏诊断方法。

2.3.5 食物过敏的预防与应对

1）个人防护：了解自己的过敏原，避免接触和摄入。
2）食品标签阅读：仔细阅读食品标签，识别可能含有的过敏原。
3）长期管理：遵循医生的建议，进行长期管理和监测。
4）教育和培训：对餐饮服务人员、学校工作人员等进行食物过敏教育和培训，提高他

5）紧急应对：了解如何使用肾上腺素自动注射器，并在出现严重反应时立即寻求医疗援助。

2.4 其他危害

2.4.1 物理性危害

物理性危害是指食用后可能导致物理性伤害的物体或异物。这些异物通常来源于原材料、包装材料，以及在加工过程中设备、操作人员等带来的外来物质。常见的物理性危害物质有沙粒、石子、碎骨头等自然异物，金属碎片、玻璃碎片等加工过程中产生的异物，烹饪过程中的竹签、钢丝球等异物，以及不洁物如头发、指甲、昆虫残体等。

2.4.2 食源性寄生虫危害

食源性寄生虫危害一般指寄生虫通过多种途径污染食品和饮用水，寄生虫侵入人体，在移行、发育、繁殖和寄生过程中对人体造成组织和器官的损害。食源性寄生虫对人体的损害主要表现为夺取人体营养物质，造成机械性损伤、免疫损伤与产生毒害作用。

2.4.3 食品添加剂潜在危害

食品添加剂是指为改善食品品质和色、香、味，以及为了防腐、保鲜和加工工艺的需要而加入食品中的人工合成或者天然物质。常见的食品添加剂包括抗氧化剂、防腐剂、膨松剂、酸度调节剂、酶制剂、漂白剂、着色剂、护色剂、增味剂、甜味剂和食用香料等。食物中加入食品添加剂可以增强食品的贮藏和转运效果，改进食品多种感官指标，保持食品的营养功能，促进食品的制作等。尽管食品添加剂有众多功能，但如果超限量或超范围使用可能会导致食品安全危害，损害消费者的身体健康。不同种类的食品添加剂产生的危害不同，下面介绍几种常见食品添加剂的危害。

2.4.3.1 硝酸盐和亚硝酸盐

硝酸盐和亚硝酸盐主要应用于腌腊肉制品、酱卤肉制品及西式火腿等食品中，可以使肉制品更加红润好看，同时也起到防腐的作用。然而过量摄入硝酸盐和亚硝酸盐对人体有明显的副作用，硝酸盐和亚硝酸盐是 N-亚硝基化合物的前体物质，而 N-亚硝基化合物具有较强的致癌性。此外，硝酸盐和亚硝酸盐还可使血红蛋白转变为高铁血红蛋白，导致其失去运输氧的能力，进而使人体发绀。

2.4.3.2 二氧化硫及亚硫酸盐

二氧化硫及亚硫酸盐可用于水果干类、蜜饯、干制蔬菜、腐竹等食品，用作漂白剂、防腐剂和抗氧化剂。二氧化硫呈酸性，对人体呼吸道和消化道都有明显的刺激作用。经口摄入二氧化硫含量超标的食物可引起恶心、呕吐等一系列胃肠道症状，也可诱发哮喘和过敏性疾病。长期摄入二氧化硫及亚硫酸盐会破坏体内的维生素 B_1，影响青少年儿童生长发育，诱发胃肠功能紊乱。

2.4.3.3 脱氢乙酸及其钠盐

脱氢乙酸及其钠盐是广谱抗菌剂，对细菌和霉菌均有良好的抑制效果，作为防腐剂可用于腌制的蔬菜、发酵豆制品和熟肉制品等食品。过去脱氢乙酸及其钠盐曾经被广泛用于淀粉制品、面包、糕点及烘焙食品中。因为长期摄入脱氢乙酸可能对人体产生潜在的危害，所以《食品安全国家标准 食品添加剂使用标准》（GB 2760—2024）删除了脱氢乙酸及其钠盐在黄油和浓缩黄油、淀粉制品、面包、糕点、焙烤食品馅料及表面用挂浆、预制肉制品、果蔬汁（浆）中的使用规定，禁止脱氢乙酸及其钠盐的使用。脱氢乙酸及其钠盐的急性毒性主要表现为中枢神经系统的中毒症状，亚急性或慢性毒性主要表现为体重和生长指标降低及抗凝血效应。此外脱氢乙酸及其钠盐还具有生殖发育毒性，会降低下一代体重及抑制骨骼发育。

2.4.3.4 乙基麦芽酚

乙基麦芽酚是一种可以在食品加工中使用的合成香料，具有增香作用，其在改善食品香气和风味方面的效果是其同系物麦芽酚的6倍，因此在肉制品、饮料、糕点和糖果等食品中应用广泛。目前关于乙基麦芽酚的毒理试验数据有限，但研究结果显示，通过饮食摄入大量乙基麦芽酚可能导致头痛、恶心和呕吐，严重时会造成肝和肾损伤。动物研究结果表明，乙基麦芽酚易与铁离子形成络合物，其络合物的亚慢性毒性明显增强。细胞学研究结果显示，乙基麦芽酚可破坏铁稳态。此外，有研究结果显示乙基麦芽酚可以增强金属铜的细胞毒性，提示其可能与其他毒性物质产生协同作用。考虑乙基麦芽酚可能带来食品安全危害，欧洲理事会规定按人体重量计其每日允许摄入量不超过2mg/kg。目前，在我国，乙基麦芽酚可以作为食品添加剂使用，但对其限量标准并未说明。

2.4.3.5 硫酸铝钾和硫酸铝铵

硫酸铝钾和硫酸铝铵是膨松剂和稳定剂，可以用于油炸面制品、煎炸粉、焙烤食品、豆类制品及粉丝和粉条等食品中。硫酸铝钾和硫酸铝铵属于含铝食品添加剂，使用后会产生铝残留，如果按限量标准使用不会对健康造成损害，但在食品加工过程中，部分商家为了口感会添加过量的硫酸铝钾或硫酸铝铵，导致这些食品常常出现铝残留过量。李蕾等对宁夏319份市售食品中的铝含量进行检测，结果显示，总体超标率为12.54%，其中即食海蜇和油条超标率最高，分别为90%和33.96%。铝是人体非必需元素，长期食用铝超标的食品可对神经、免疫、骨骼和生殖等多个系统产生健康影响。铝和人体大脑组织具有亲和性，易于在脑内蓄积，导致记忆减退、智力受损和行动迟缓，从而造成严重的神经毒性作用，铝摄入过量被认为是导致阿尔茨海默病的危险因素之一。铝还能影响铁、钙的吸收，导致人体出现贫血和骨质疏松。

2.4.3.6 山梨酸及其钾盐

山梨酸及其钾盐是防腐剂和抗氧化剂，广泛应用于干酪、果酱、面包、糕点、熟肉制品、葡萄酒、饮料及各类调味品等40多种食品中。山梨酸及其钾盐能控制脱氢酶活力，阻止脂肪的酸氧化和脱氢，有效抑制食品中细菌和微生物的繁殖，是联合国粮食及农业组织推荐的高效防腐剂。山梨酸及其钾盐是一类毒性较低、危害较小的食品防腐剂，其毒性仅为苯甲酸的 1/4。然而长期食用山梨酸及其钾盐超标的食品可能造成敏感个体发生哮喘、荨麻疹和惊厥等不适反应，严重时可能导致神经系统损伤，还可能影响肝和肾功能。

2.4.3.7 糖精钠

糖精钠是一种甜味剂和增味剂，可用于冷冻饮品、水果干、果酱、蜜饯、配制酒等食品中。在食品生产加工过程中，部分商家为改善口感和色泽，可能会过量使用糖精钠。通常认为糖精钠在体内不会被利用和分解，会随尿液排出体外。当大量摄入糖精钠含量超标的食品时，会影响胃肠消化功能。也有研究表明，糖精钠具有一定的致癌性。因此，《食品安全国家标准 食品添加剂使用标准》（GB 2760—2024）对糖精钠的限量标准有严格要求。

2.4.3.8 胭脂红

胭脂红又称丽春红 4R，是偶氮类人工合成着色剂，可改善食品的外观和色泽，广泛应用于碳酸饮料、配制酒、调制乳、水果罐头、蜜饯等食品中。摄入胭脂红可出现过敏症状，引起红斑、荨麻疹、血管性水肿、支气管痉挛、外源性过敏性细支气管炎、胃肠道症状和过敏性休克等多种反应。长期食用胭脂红过量的食品可能对人体健康产生慢性损害，可能导致肝损伤。研究表明，胭脂红还具有一定的致癌和致突变作用，且具有一定遗传毒性。因此，胭脂红在食品中的使用有严格的限量标准，我国允许在碳酸饮料、调制乳、配制酒和果冻中的最大使用量为 50mg/kg，而肉制品中除肠衣以外的部分则不允许使用。

2.4.4 营养强化剂潜在危害

营养强化剂是为了增加食品的营养成分（价值）而加入食品中的天然或人工合成的营养素和其他营养成分。营养强化剂包括维生素、矿物质等，也属于食品添加剂，使用营养强化剂的目的是提高食品的营养价值。然而如果营养强化剂使用量超过安全标准，则可能对人体健康造成损害。例如，奶粉中碘含量超标可能对婴幼儿健康产生不利影响，研究显示长期摄入过量的碘，可以引起甲状腺功能异常和甲状腺肿，严重的还可以引发甲状腺癌。过量摄入烟酰胺超标的饮料，可引起皮肤潮红和黄疸，甚至出现转氨酶水平升高；如果女性妊娠初期过量摄入烟酰胺，有可能导致胎儿畸形。此外，营养强化剂超限量使用可能会干扰其他营养素的正常代谢，甚至会对其他营养素产生拮抗作用。

2.4.5 转基因食品潜在危害

转基因食品是指通过现代生物基因工程技术，将某些生物的基因转移到其他物种中去，从而改造生物的遗传物质，使其在性状、营养品质、消费品质等方面向人类所需要的目标转变的食品。通过转基因技术可以增加食品中蛋白质、维生素及矿物质等营养素的含量，丰富食品种类，从而满足人们对食品的多样化需求。然而，转基因食品也可能对人体健康和环境安全带来潜在的危害。

2.4.5.1 转基因食品对人体的潜在危害

1）过敏反应：转基因食品中的外源基因可能引入新的蛋白质，这些蛋白质可能成为人体的过敏原，导致部分人群出现过敏反应，如皮肤瘙痒、红肿等，严重者甚至可能出现过敏性休克。例如，将芒果的基因移植到黄桃中，可能会导致对芒果过敏的人在食用这种转基因黄桃时产生过敏反应。

2）营养失衡：转基因食品在基因重组或基因转化的过程中，其营养成分可能发生改变，导致食品的营养结构失衡。长期食用这样的食品，可能会引发人体营养摄入的不均衡，影响健康。

3）诱发疾病：一些研究表明，长期大量食用转基因食品可能会增加某些疾病的风险，如心脑血管疾病、不孕不育等。这可能与转基因食品中的基因序列变化有关，这些变化可能对人体产生不良影响。例如，长期食用转基因大豆食品可能会增加血液黏稠度，从而诱发心血管疾病。

4）产生耐药性：转基因食品中可能添加了针对植物病虫害的药物基因，这些基因在食品中的残留可能使人体对现有的药物产生耐药性。长期食用这样的食品可能会降低药物治疗的有效性。

5）潜在毒性：转基因食品在加工过程中可能因基因的改变而增加某些天然毒素的含量，这些毒素可能对人体产生毒性作用。此外，转基因食品中的新蛋白质或其他化合物也可能具有潜在的毒性。

2.4.5.2 转基因食品对环境安全的潜在危害

1）生态影响：转基因作物可能通过花粉传播等方式与野生植物发生杂交，导致基因污染和生态失衡。这种基因污染可能难以逆转，可对生态环境造成长期影响。

2）生物多样性减少：转基因作物的广泛种植可能导致非转基因作物的生存空间受到挤压，从而导致生物多样性减少。这种减少可能会破坏生态平衡，影响生态系统的稳定性和服务功能。

2.4.6 洗消剂残留危害

如使用非食品用的洗消剂清洗食品或食品用具，可能导致洗消剂残留在食品中。洗消剂残留危害是食品加工环节中不可忽视的化学性风险源，其风险形成具有隐蔽性与累积性特征。根据《食品安全国家标准 洗涤剂》（GB 14930.1—2022），食品接触面清洁需严格区分食品级与非食品级洗消剂，违规使用工业级洗消剂（如含十二烷基苯磺酸钠的强碱性洗涤剂）可导致多重危害：①游离碱残留（pH>9.5）破坏食品营养成分并产生皂化反应副产物；②氧化性洗消剂（如次氯酸钠）残留氯与有机物生成三氯甲烷等消毒副产物（disinfection by-product，DBP）；③季铵盐类洗消剂残留可能诱导抗生素抗性基因（antibiotic resistance gene，ARG）扩散。2023年国家食品安全风险评估中心数据显示，餐饮环节洗消剂超标率达7.3%，其中学校食堂占比达12.8%。

环境污染物风险呈现"多介质-多路径"暴露特征。①持久性有机污染物，多氯联苯通过生物富集作用在水产品中的浓度可达环境水体的106倍（如2013年新西兰乳制品双氰胺污染事件），多环芳烃在熏烤食品中的生成遵循阿伦尼乌斯（Arrhenius）方程，苯并[a]芘在炭烤肉类中浓度可达50μg/kg[超过《食品安全国家标准 食品中污染物限量》（GB 2762—2022）限量10倍]。②加工衍生毒物，N-亚硝基化合物在腌渍肉制品中由亚硝酸盐与胺类反应生成，其致癌性呈剂量-效应关系[N-二甲基亚硝胺（NDMA）的半数致癌剂量（TD_{50}）值为0.1mg/（kg·d）]。2022年欧盟食品和饲料快速预警系统（Rapid Alert System for Food and Feed，RASFF）通报显示，即食肉制品亚硝胺超标占化学污染警报的 18.7%。③新型污染物，全氟化合物在食品包装材料中迁移率可达 3.2μg/（dm²·h）[参照《食品安全国家标准 食品接触材料及制品 迁移试验通则》（GB 31604.1—2023）迁移试验标准]，双酚 A 替代物（如双酚 S）的雌激素活性仍达原物的 80%。

参 考 文 献

白新鹏. 2010. 食品安全危害及控制措施. 北京：中国计量出版社.

国家卫生健康委员会. 2022. 国家卫生健康委关于印发食品安全标准与监测评估"十四五"规划的通知：国卫食品发〔2022〕28 号.（2022-08-11）[2025-05-20]. https://www.gov.cn/zhengce/zhengceku/2022-08/23/content_5706481.htm.

国家卫生健康委员会，国家疾控局. 2024. 国家卫生健康委 国家疾控局关于印发疾病预防控制机构食品安全和营养健康工作细则的通知：国卫食品发〔2024〕29 号.（2024-08-19）[2025-05-20]. https://www.gov.cn/gongbao/2024/issue_11666/202410/content_6983464.html.

王颖，易华西. 2018. 食品安全与卫生. 北京：中国轻工业出版社.

杨若婷，戴智勇，潘丽娜，等. 2022. 食物过敏原检测标准及标识现状. 食品工业科技，43（11）：1-10.

Sicherer S H，Sampson H A. 2018. Food allergy: a review and update on epidemiology, pathogenesis, diagnosis, prevention, and management. J Allergy Clin Immunol，141（1）：41-58.

3 食品安全危害分析与评估

食品安全危害分析与评估是一个系统的过程，旨在预防和控制可能对食品安全和质量造成威胁的因素。《食品安全风险监测管理规定》规范了食源性疾病、食品污染物和有害因素的监测、分析、报告和通报工作，为风险评估提供科学支持。国家卫生健康委员会也发布了《食品安全风险评估管理规定》，以规范风险评估工作，确保其科学性和有效性。

【案例导入】

我国作为世界水果、蔬菜第一大生产国，面对国内外果蔬汁、果蔬固体饮料市场的需求与挑战，需要加强企业自身的产品质量控制，更多的国内企业建立国际先进的食品安全生产控制体系，通过对果蔬采收后挑选、清洗消毒、榨汁、配制、包装等各环节的安全危害分析与评估，确定关键控制点，保证及提高果蔬饮料产品质量。

【学习目标】

掌握食品安全危害分析的概念、方法、预防、控制。

掌握食品安全危害评估的概念、方法、预防、控制。

熟悉食品安全危害分析与评估的内容与程序。

3.1 食品安全危害分析

3.1.1 危害分析的概念

危害分析（hazard analysis，HA）是指找出与品种有关和与加工过程有关的可能危及产品安全的潜在危害，然后确定这些潜在危害中可能发生的显著危害，并对每种显著危害制定预防措施。要对原料的生产、加工工艺步骤及销售和消费的每个环节可能出现的多种危害（包括物理、化学及微生物的危害）进行确定，并评价其相对的危害性，提出预防的措施。

3.1.2 食品安全危害分析的方法

食品安全危害分析的方法主要有危害分析与关键控制点（hazard analysis and critical control point，HACCP）体系、模型预测、专家咨询等。

3.1.2.1 HACCP 体系

HACCP 体系是一种对于食品安全有显著影响的危害加以识别、评估及控制的体系。

（1）主要特点

预防性：它强调在生产过程中通过预防措施来确保食品安全，而非传统的依靠最终产品检测。例如，在食品加工过程中，对关键控制点的温度、时间等参数进行实时监控，确保在加工环节就将潜在危害消除。

针对性：针对食品生产的各个环节进行危害分析，确定关键控制点。不同食品的 HACCP 体系因产品特性、加工工艺等不同而有所差异。比如对于冷冻食品，冷链环节的温度控制就是关键控制点之一。

动态性：随着生产工艺的改进、新的危害因素的出现及法规标准的变化，HACCP 体系需要不断地进行更新和完善。

（2）实施步骤

危害分析：对食品从原材料采购到消费的整个过程进行全面的危害识别和评估。包括生物性危害（如细菌、病毒等）、化学性危害（如农药残留、添加剂等）和物理性危害（如异物混入等）。

确定关键控制点（critical control point，CCP）：根据危害分析的结果，确定能够有效控制危害的关键环节。例如，在罐头食品生产中，密封和杀菌过程就是关键控制点。

建立关键限值（critical limit，CL）：为每个关键控制点设定可接受的限值范围。例如，在烘焙食品的加工中，烘烤温度的关键限值可能设定为 180～200℃。

监控关键控制点：对关键控制点进行持续监测和记录，确保其始终处于受控状态。例如，使用温度传感器实时监测食品加工过程中的温度。

采取纠正措施：当监控结果显示关键控制点超出关键限值时，立即采取相应的纠正措施。例如，如果发现食品的冷藏温度超出规定范围，应及时调整冷藏设备的温度，并对受影响的食品进行评估和处理。

验证和确认：定期对 HACCP 体系的有效性进行验证和确认，包括对关键控制点的监控记录进行审核、对产品进行抽样检测等。

3.1.2.2　模型预测

利用数学和统计模型对食品安全危害进行预测和定量分析，评估不同危害因素之间的关系，并预测风险发生概率。模型预测主要有数据收集与整理、选择预测模型、模型训练与验证、实际应用与更新 4 个方面。

3.1.2.3　专家咨询

邀请食品与安全相关领域的专家借助其专业知识和经验对风险进行评估和判断，并提出解决指导方法。

3.1.3　食品安全危害的预防和控制

3.1.3.1　源头控制

原材料管理：严格筛选供应商，确保采购的食材符合安全标准。例如，对农产品供应商要求提供农药残留检测报告，对肉类供应商要求提供动物检疫合格证明等。

生产环境监测：保持生产场所的清洁卫生，定期进行微生物检测。例如，食品加工厂的车间空气菌落总数应控制在一定范围内，以防止微生物污染食品。

3.1.3.2　生产过程控制

加工工艺优化：采用合理的加工工艺，如适当的加热温度和时间，可以杀灭致病菌。

例如，巴氏杀菌法在乳制品生产中的应用，能有效杀灭大部分有害微生物，同时保留食品的营养成分和风味。

人员操作规范：对食品从业人员进行严格的培训和管理，要求他们遵守卫生操作规程。例如，必须穿戴工作服、帽子、口罩和手套等，并且在操作过程中要保持手部清洁。

3.1.3.3 贮藏与运输控制

贮藏条件管理：根据食品的特性，选择合适的贮藏方式和条件。例如，易腐食品应贮藏在低温环境中，以延缓微生物的生长和食品的变质速度。干货则应贮藏在干燥通风的地方，防止受潮霉变。

运输过程监管：确保运输工具的清洁卫生，并且控制好运输过程中的温度和湿度。例如，冷链运输在生鲜食品运输中的应用，可以保证食品在运输过程中的质量和安全。

3.1.3.4 检测与监管

质量检测：建立完善的食品检测体系，对原材料、半成品和成品进行定期检测。检测项目包括微生物指标、化学污染物、重金属等。例如，对食品中的农药残留、兽药残留、添加剂使用情况等进行严格检测。

政府监管：加强政府部门对食品安全的监管力度，制定严格的法律法规和标准，对违法违规行为进行严厉打击。同时，加强对食品生产企业的监督检查，确保企业严格按照食品安全标准进行生产。

3.2 食品安全危害评估

3.2.1 危害评估的概念

危害评估（hazard assessment）是现代食品安全风险分析框架的核心环节，其核心任务是通过系统分析食品中各类危害因素（包括固有成分、加工污染物、环境污染物及微生物等）的毒理学特性，建立科学的剂量-反应关系，最终确定健康指导值（health-based guidance value，HBGV）。该过程遵循"危害识别—危害特征描述"的递进逻辑：首先基于体外实验、动物模型和流行病学研究识别危害物质的毒性效应；进而通过基准剂量（BMD）或未观察到有害作用的水平（no observed adverse effect level，NOAEL）等方法，建立暴露水平与健康效应之间的定量关系，并考虑种属差异和人群敏感性等因素引入安全系数（通常为100倍）。

HBGV作为危害评估的核心输出，是指人类在特定暴露周期（终生或24h）内摄入某物质而不产生可观测健康风险的阈值，其单位通常为mg/（kg bw·d）。根据物质属性不同，HBGV主要分为两类。

1）每日允许摄入量（acceptable daily intake，ADI）：适用于有意添加的化学物质，如食品添加剂（防腐剂、着色剂等）、农药残留和兽药残留。其制定需基于"良好生产规范"（GMP）原则，确保使用量在技术必要性方面的最低水平。

2）每日可耐受摄入量（tolerable daily intake，TDI）：针对非故意引入的污染物，包括重金属（铅、镉）、二噁英、多环芳烃等环境污染物，以及加工过程产生的丙烯酰胺、氯丙醇酯等。TDI强调"可接受风险"概念，需结合"可合理达到的最低量原则"（as low as reasonably achievable principle，ALARA principle）进行管理。

危害评估结果通常呈现为定量风险值[如致癌物的暴露边界值（MOE）]、定性风险等级[如世界卫生组织（WHO）的国际癌症研究机构（IARC）分类]及不确定性分析（如蒙特卡罗模拟）。需要特别指出的是，HBGV 并非绝对安全阈值，其应用必须结合特定人群的暴露评估数据，这对婴幼儿食品、特殊医学用途食品等敏感产品的安全管理具有特殊意义。当前国际趋势显示，组学技术（如毒理基因组学）和体外替代方法（如器官芯片）正在革新传统危害评估模式，推动食品安全管理向精准化方向发展。

3.2.2 食品安全危害评估的基本原理与原则

食品安全危害评估作为风险分析体系的核心环节，其科学性和规范性直接影响风险管理决策的有效性。基于危害因素数据完备程度的差异，评估工作应采取分层化、差异化的技术路线，具体实施需遵循以下基本原则。

（1）权威数据优先原则

对于已建立国际评估体系的危害因素（如重金属污染物、食品添加剂等），应优先采纳 WHO、欧洲食品安全局（EFSA）、美国国家环境保护局（US EPA）等权威机构发布的最新评估报告。这些数据通常基于系统评价（systematic review）方法，整合了全球实验室的良好实验室规范（GLP）研究数据和人群流行病学证据，并经过国际专家组的同行评议。例如，联合国粮食及农业组织（FAO）/WHO 食品添加剂联合专家委员会（The Joint FAO/WHO Expert Committee on Food Additive，JECFA）发布的食品添加剂安全评价标准，已成为各国制定限量标准的科学基础。在引用时需注意数据的时效性，原则上应采用近 5 年内更新的评估结论。

（2）数据缺口填补策略

针对缺乏完整评估数据的危害因素，应采取阶梯式解决方案。

1）实验数据驱动模式：在 GLP 认证实验室开展符合经济合作与发展组织（Organisation for Economic Cooperation and Development，OECD）测试指南的毒理学实验（如 28d 重复剂量毒性试验、致畸试验等），重点获取未观察到有害作用的水平（NOAEL）、观察到有害作用的最低水平（lowest observed adverse effect level，LOAEL）等关键参数。

2）计算毒理学应用：当实验数据有限时，可采用以下几种方法。

（a）定量构效关系（QSAR）模型，通过化合物结构预测其毒性（如 Toxtree、TEST 等软件）。

（b）毒理学关注阈值（TTC）方法，对低暴露量化学物进行风险分级（如 Cramer 分类决策树）。

（c）交叉参照（read-across）技术，利用结构类似物的数据填补目标物的数据缺口。

（3）剂量-反应关系构建规范

对于暂未建立 HBGV 但存在阈值的化学物，评估流程应严格执行以下几方面。

1）关键终点选择：从亚慢性毒性、生殖毒性等研究中确定最敏感毒性指标。

2）参考剂量推导：基于 BMDL（基准剂量下限，优先采用）或 NOAEL，结合种间差异（10 倍）、种内差异（10 倍）及数据质量系数（1~10 倍）计算安全系数。

3）HBGV 推算：通过公式 HBGV=BMDL（或 NOAEL）/UF（不确定系数），获得 TDI

或 ADI 值。例如，EFSA 在评估丙烯酰胺时，采用 BMDL10[0.43mg/（kg bw·d）]和额外系数 100，最终得出 TDI 为 4.3μg/（kg bw·d）。

（4）不确定性管理要求

所有评估结论必须附不确定性分析，包括以下几方面。

1）数据质量权重（如体外数据可靠性需经 ICH M7 指南验证）。

2）模型外推局限性（如 QSAR 对金属有机物的预测偏差）。

3）人群易感性差异（如婴幼儿对神经毒物的特殊敏感性）。

当前国际前沿趋势强调将新评估方法[如体外高通量筛选、有害结局路径（adverse outcome pathway，AOP）框架]与传统方法有机结合，并通过开放式风险评估平台（如 WHO 的国际化学品安全计划（IPCS）风险评估工具包）实现数据共享。这要求评估人员既掌握传统毒理学原理，又具备计算毒理学和系统生物学等跨学科知识，以应对新型污染物（如纳米材料、全氟化合物）的评估挑战。

3.2.3 食品安全危害评估的方法

食品安全危害评估包括危害识别和危害特征描述两个步骤。

3.2.3.1 危害识别

危害识别作为危害评估过程的第一个步骤，可被当作是一个最初的定性的影响效果的描述。在进行危害识别时，应确保所有的显著不利影响均被识别且得到足够的重视。

危害因子识别的主要方法包括动物试验、体外试验、食源性疾病监测、食品中污染物监测和流行病学研究等，然而流行病学的数据一般难以获得，因此，动物试验的数据往往是危害识别的主要依据，而体外试验的结果则可以作为作用机制的补充资料。危害识别从观察到研究，从毒性到有害作用的发生，从作用的靶器官到组织的识别，最后对给定的暴露条件下可能导致的有害作用是否需要评估，做出科学的判断。

3.2.3.2 危害特征描述

经过危害识别确定了危害因子之后，危害评估的第二步是危害特征描述。危害特征描述就是对食品中存在可能产生有害作用的生物、化学或物理等因素性质进行定性或定量评估。危害特征描述主要目的之一是确定"起因-作用"关系是否存在，如果有充足的证据确定这种关系存在，就有必要建立剂量-反应关系，进而评价外源物的毒性和确定安全暴露水平。

FAO/WHO 食品添加剂联合专家委员会（JECFA）和 FAO/WHO 农药残留联席会议（JMPR）常在危害特征描述时使用毒理学和流行病学数据，主要方法如下。

1）在剂量-反应分析模型过程中，有些人群是典型的潜在暴露人群而且有相似的暴露水平，可以获得充足的人体数据，但大部分情况下，剂量-反应分析方法都使用外推。外推法可分为两类：一类是评估剂量-反应分析中超出某实验数据范围的暴露风险；另一类是估计健康指导值。动物试验外推到人通常有三种基本的方法：利用不确定系数（或安全系数）、利用药物动力学外推、利用数学模型。

2）在剂量-反应曲线上特定点与人群暴露水平之间估计暴露边界值（margin of exposure，MOE），一般采用阈值法，通常用 NOAEL 或 LOAEL 作为阈值的近似值。此外，基准剂量（benchmark dose，BMD）也可以使不确定性量化。

3）将人群特定暴露水平风险值进行风险/健康效应定量分析。对于无阈值的物质，可以选择适当的模型，严格遵循可合理达到的最低量原则，评估实际可能达到的最低水平。

3.2.4 食品安全危害评估的内容和程序

1）吸收、分布、代谢、排泄研究。实验初期应首先进行物质的吸收、分布、代谢和排泄（ADME）研究，这有助于为动物试验的进行确定合适的实验动物种属和毒理学实验剂量。

2）动物试验研究。常用于危害评估的动物试验主要包括：急性毒性试验、亚急性和亚慢性毒性试验、重复给药毒性试验、生殖发育毒性试验、遗传毒性试验等。

3）体外试验研究。常用于危害评估的体外试验主要包括：急性毒性试验替代方法、遗传毒性/致突变试验体外方法、重复剂量染毒试验体外方法、致癌性试验体外方法、生殖发育毒性试验体外方法等。

4）流行病学资料研究。流行病学调查所得到的是人体毒性资料，对于食品中危害因素的识别十分重要，是危害评估最有价值的资料，可以定性反映人群暴露的健康危害。数据可能来自人类志愿者受控实验、监测研究、不同暴露水平的人群流行病学研究，以及在特定人群中进行的实验或流行病学研究、临床报告、个案调查等。

5）定量构效关系研究。当利用已知的化学同系物的资料或用确定的靶点资料来预测化学物的活性时，该方法十分有效。

6）制定健康指导值。例如，每日允许摄入量、每日可耐受摄入量、急性参考剂量（acute reference dose，ARfD）或 MOE 等。

参 考 文 献

白晨，黄玥. 2014. 食品安全与卫生学. 北京：中国轻工业出版社.
包大跃. 2006. 食品安全危害与控制. 北京：化学工业出版社.
曹佩，高萌萌，陈敏，等. 2024. 食药物质安全性评估方法进展与展望. 中国中药杂志，49（17）：4562-4566.
宁喜斌. 2017. 食品安全风险评估. 北京：化学工业出版社.
谢明勇，陈绍军. 2021. 食品安全导论. 北京：中国农业大学出版社.
谢增鸿. 2010. 食品安全分析与检测技术. 北京：化学工业出版社.
Akhavan-Mahdavi S，Mirbagheri M S，Assadpour E，et al. 2024. Electrospun nanofiber-based sensors for the detection of chemical and biological contaminants/hazards in the food industries. Advances in Colloid and Interface Science，325：103111.

4 食品安全管理及体系建设

《中华人民共和国食品安全法实施条例》规定，食品生产经营者应当建立健全食品安全管理制度，采取有效措施预防和控制食品安全风险，保证食品安全。企业需要成立一个由最高管理者（如厂长、总经理等）领导的食品安全管理体系建设领导小组或委员会，其主要任务包括总体规划、策划与设计及实施食品安全管理体系。本章从食品安全管理内容、国内外食品安全管理体系、食品安全监督管理体系及运作等方面介绍食品安全管理及体系。

【案例导入】

2021年3·15晚会曝光了河北省青县养羊产业中喂养瘦肉精的问题。随后，河北省市场监管部门迅速行动，责令依法注销相关企业的食品经营许可证，有效遏制了问题羊肉的流通。

【学习目标】

掌握食品安全管理的定义及内容。

掌握食品安全管理体系的内容。

掌握食品生产经营许可制度、良好生产规范、卫生标准操作程序、危害分析与关键控制点、ISO 22000食品安全管理体系的相关概念及内容。

熟悉食品安全管理国内外发展现状和趋势。

熟悉国家及地方关于食品安全的法律法规。

熟悉食品安全监督管理体系的构成及运作流程。

4.1 食品安全管理概述

4.1.1 食品安全管理定义

食品安全管理是指通过一系列科学、合理、系统的措施和方法，对食品生产、加工、包装、贮藏、流通和消费等各个环节进行"从农田到餐桌"全链条的有效控制，以预防、减少和消除食品中的有害因素，旨在确保每个环节都符合安全标准，保障公众健康。

4.1.2 食品安全管理国内外发展现状和趋势

我国已经建立了较为完善的食品安全法规体系，以《中华人民共和国食品安全法》为核心，配套了一系列法规、规章和标准，为食品安全管理提供了法律保障。同时，各级地方政府也加强了食品安全监管力度，确保食品安全，如近年来多家知名品牌餐饮店被社会、监察部门曝出后厨卫生问题后，相关公司也迅速发布致歉声明并采取措施进行整改。许多发达国家和区域一体化组织如美国、欧盟、日本等，通常实行多部门联合监管的模式，建立了严格的食品安全法规体系,对食品生产、加工、运输、销售等各个环节进行严格监管,确保食品安全监管的全面性和有效性。同时,还建立了完善的食品安全追溯体系,确保食品来源可追溯、去向可查询。例如,意大利特级橄榄油在生产过程中严格注重质量控制,严格把关化学成分、酸度指标、氧化值等多个项目的检测。通过合规的出口检测、卓越的品质控制和严格的检测流程,提升产品的国际竞争力。

随着物联网、大数据、人工智能等技术的不断发展,智能化监管将成为食品安全管理的重要趋势。食品安全检测技术不断进步,高精度分析检测技术如色谱技术、质谱技术、光谱技术等已得到广泛应用,新型检测技术如免疫分析、生物传感器、高通量测序等也在不断涌现,提高了检测的准确性和效率。食品安全检测设备也更加智能化,实现了自动化操作和远程监控等功能。通过智能化监管系统,可以实现对食品生产、加工、运输、销售等各个环节的实时监控和预警,提高监管效率和准确性,推动食品安全管理的智能化发展,如通过机器学习的方法对食品安全进行预测和预警成为可能。国外在食品安全检测技术方面也不断创新,开发出了许多高效、精准的检测方法。同时,还注重将新技术应用于食品安全监管中,提高监管效率和准确性。

4.2 食品安全管理内容

4.2.1 食品生产过程中的安全管理

食品生产过程中的安全管理是食品安全保障体系的核心环节,其本质是通过系统化的预防性控制措施,实现对"从农田到餐桌"全链条危害因素的科学管控。这些危害因素具有多源性特征,既包括原料种植环节的农药残留、重金属污染等农业投入品风险,也涵盖加工过程中的微生物污染、化学污染物迁移等工艺风险,以及储运环节的温湿度失控等物流风险。以农药残留为例,若在初级农产品生产阶段未能严格执行休药期规定,其残留风险将在后续加工、储运环节产生级联放大效应,最终可能导致终端产品的安全性危机。现代食品安全管理强调基于风险分析的预防性控制理念,通过良好农业规范(GAP)、危害分析与关键控制点(HACCP)等体系,在原料验收、加工工艺、设备清洁等关键节点建立监控机制,实现安全隐患的早识别、早预警和早处置。具体而言,食品生产过程的安全管理主要包含以下核心内容。

4.2.1.1 原料采购环节

(1)供应商管理

1)供应商评估:建立严格的供应商评估体系,对潜在供应商进行资质审核,考察其生产能力、质量管理体系,如供应商营业执照、生产许可证、产品认证证书、历史供货记录等,通过现场审核、样品测试等方式,确保供应商具备合法经营资质、良好的信誉和稳定的供货能力,能够持续提供符合食品安全标准的原料。

2)合同与协议:与供应商签订采购合同,明确双方的权利、义务和责任,特别是关于原料质量、安全标准、检验方法、不合格品处理等条款。

3)持续监督:定期对供应商进行复审和绩效评估,确保供应商持续满足食品安全要求。

(2)原料验收标准

原料到达企业后,需经过严格的验收程序,验收标准应基于国家相关法规、行业标准及企业自身要求制定，包括但不限于原料的感官性状、理化指标、微生物指标及农药残留、兽药残留等有害物质限量。验收过程中，应使用合格的检测设备和方法，确保检测结果的准确性和可靠性。对于验收不合格的原料，应单独存放并标识清晰，避免与合格原料混淆。同时，建立明确的处理机制，分析不合格原因，采取相应措施防止类似问题再次发生。对于无法补救的不合格原料，应按照相关法律法规要求进行处理，如退回供应商或销毁等。

1）感官检查：检查原料的外观、色泽、气味、质地等是否符合要求，有无腐败、霉变、异味等现象。

2）理化指标：根据原料特性，检测其水分、灰分、酸价、过氧化值、重金属含量、农药残留、兽药残留等理化指标是否达标。

3）微生物指标：检测原料中的菌落总数、大肠菌群、致病菌等微生物指标是否符合国家相关标准。

4）文件审核：审核原料的合格证明、检验报告、批次号、生产日期、保质期等信息，确保原料来源可追溯。

4.2.1.2 生产加工环节

（1）加工操作规程

1）工艺流程：制定详细的工艺流程图，明确每个步骤的操作要点、温度、时间、压力等参数，确保生产过程的规范化和标准化。

2）关键控制点（CCP）：识别并确定生产过程中的关键控制点，如原料验收、加热杀菌、冷却包装等，制定关键限值和监控措施，确保CCP得到有效控制。

3）人员培训：对生产人员进行定期培训，如食品安全知识、操作规程、应急处理等，提高员工的食品安全意识、操作技能等。

（2）卫生控制措施

1）环境卫生：保持生产车间的清洁卫生，定期清扫、消毒，防止交叉污染。确保车间通风良好，温度、湿度适宜。

2）个人卫生：生产人员需穿戴整洁的工作服、帽、鞋，进入车间前需洗手、消毒，不得佩戴首饰、化妆等。

3）设备与工具：生产设备、工具需定期清洗、消毒，保持干净卫生。使用前后进行检查，确保无破损、无污染。

4）废弃物处理：制定废弃物处理制度，对生产过程中产生的废弃物进行分类收集、妥善处理，防止对环境造成污染。

5）虫害控制：建立虫害控制机制，防止虫害对食品的污染。

6）交叉污染控制：通过分区管理将不同种类的原料、半成品和成品分开存放和加工，使用不同颜色的标识牌或标签区分不同种类的物品，定期对生产设备进行清洗和消毒等。

4.2.1.3 包装、贮藏环节

（1）包装材料选择

1）安全性：选择符合国家标准的包装材料，确保无毒、无害、无污染。避免使用回收材料或含有有害物质的材料。

2）密封性：确保包装材料具有良好的密封性能，防止食品在贮藏和运输过程中受到污染或变质。

3）标识清晰：包装上应清晰标注产品名称、生产日期、保质期、生产厂家、净含量等信息，便于消费者识别和选购。

（2）包装过程控制

1）包装前：对包装材料进行清洁和消毒处理。

2）包装过程中：避免食品与包装材料直接接触造成污染。

3）包装完成：对包装密封性进行检查以确保食品在贮藏和运输过程中不会受到外界污染。

（3）贮藏条件管理

1）温度控制：根据产品特性设置适宜的贮藏温度，如冷藏、冷冻、常温等，确保食品在贮藏过程中保持其品质和安全性。

2）湿度控制：控制贮藏环境的湿度，防止食品受潮、发霉或变质。

3）防虫防鼠：采取有效措施防止虫害和鼠害对食品的污染。

4）先进先出：遵循先进先出的原则，确保食品在保质期内得到及时使用。

4.2.1.4 运输销售环节

（1）运输过程控制

1）温度控制：在运输过程中确保食品的温度、湿度等条件符合产品要求，确保食品在运输过程中不会变质或受到污染。

2）防震防压：采取适当的防震、防压措施，保护食品包装不受损坏。

3）卫生条件：保持运输工具的清洁卫生，避免食品与有害物质接触。

（2）销售管理

1）销售场所：确保销售场所的卫生条件符合食品安全要求，如保持地面清洁、通风良好，避免阳光直射等。

2）产品陈列：按照产品类别、生产日期等有序陈列，避免过期或变质产品上架销售。

3）销售记录：建立销售记录制度，记录每批产品的销售数量、去向等信息，便于追溯。

4.2.1.5 产品追溯体系

1）信息系统：建立电子化的产品追溯系统，将原料采购、生产加工、包装、贮藏、运输销售等各个环节的信息录入系统，实现信息的快速查询和追溯。

2）标识管理：为每个产品分配唯一的标识码（如条形码、二维码等），并将其与产品信息关联起来，便于消费者和监管部门查询，标识码应包含产品的生产日期。

4.2.2 国家及地方关于食品安全的法律法规

我国政府对食品安全管理做出了一系列改革，发布了许多食品安全与质量标准、监管方面的政策性文件，推动了食品安全管理的发展。这些法律法规主要有以下几方面。

1）《中华人民共和国食品安全法》：该法律对食品安全的基本制度、食品安全风险监测和评估、食品安全标准、食品生产经营、食品检验、食品进出口、食品安全事故处置、监督管理、法律责任等方面做出了详细规定，明确了制定该法的目的、适用范围、基本原则和监管主体等，建立了食品安全风险监测和评估制度，对食源性疾病、食品污染及食品中的有害因素进行监测和评估，详细规定了食品安全标准应当包括的内容，如食品中的致病性微生物、农药残留、兽药残留、重金属等污染物质的限量规定，食品添加剂的品种、使用范围、用量等，旨在通过制定严格的食品安全标准，加强食品安全监督管理，通过及时处置食品安全事故及追究法律责任等措施，为公众提供坚实的食品安全保障。以便及时发现并消除食品安全隐患。此外，还鼓励和支持开展与食品安全有关的基础研究、应用研究，鼓励和支持食品生产经营者为提高食品安全水平采用先进技术和先进管理规范。

2)《中华人民共和国食品安全法实施条例》：该条例是根据《中华人民共和国食品安全法》制定的，旨在进一步细化和完善食品安全监管的具体措施和制度。该条例明确了其制定依据、适用范围和基本原则，强调食品生产经营者应当依照法律、法规和食品安全标准从事生产经营活动，规定了县级以上人民政府卫生行政部门会同同级食品安全监督管理等部门建立食品安全风险监测会商机制，明确了食品安全国家标准的制定、公布和实施程序，以及地方标准的制定和备案要求。同时，规定了食品生产企业制定企业标准的相关要求。此外，还涉及食品安全知识普及、食品安全风险信息交流、食品安全事故处置等方面的内容，旨在构建全面、科学、高效的食品安全监管体系。

3)《食品安全标准管理办法》：食品安全标准是强制执行的标准，包括食品安全国家标准和食品安全地方标准。该办法旨在规范食品安全国家标准的制定、修改、公布等相关管理工作，以保障公众健康为宗旨，以食品安全风险评估结果为依据，确保标准的科学合理、公开透明、安全可靠。该办法明确国家卫生健康委员会依法会同国务院有关部门负责食品安全国家标准的制定、公布工作，省级卫生健康主管部门负责食品安全地方标准的制定、公布和备案工作，鼓励公民、法人和其他组织参与食品安全国家标准的制定工作，提出意见和建议，强调标准起草应当以食品安全风险评估结果为主要依据，并充分考虑我国社会经济发展水平和客观实际的需要。此外，食品安全国家标准公布和实施日期之间一般设置一定时间的过渡期，供食品生产经营者和标准执行各方做好实施的准备。国家卫生健康委员会应当组织有关部门、省级卫生健康主管部门和相关责任单位对食品安全国家标准的实施情况进行跟踪评价。任何公民、法人和其他组织均可对标准实施过程中存在的问题提出意见和建议。

4)《中华人民共和国进出口食品安全管理办法》（海关总署令第249号）：海关总署主管全国进出口食品安全监督管理工作，各级海关负责所辖区域进出口食品安全监督管理工作。该办法涵盖了进出口食品安全的各个方面，以确保进出口食品符合中国法律法规和食品安全国家标准，保护人类、动植物生命和健康。进出口食品安全工作坚持安全第一、预防为主、风险管理、全程控制、国际共治的原则。海关对进口食品实施合格评定，包括境外国家（地区）食品安全管理体系评估和审查、境外生产企业注册、进出口商备案和合格保证、进境动植物检疫审批等多项内容。该办法的实施，对于加强进出口食品安全管理、保障消费者健康、促进国际贸易的顺利进行具有重要意义。同时，它也体现了中国在食品安全领域的严格监管和高度责任感。

5)最高人民法院、最高人民检察院《关于办理危害食品安全刑事案件适用法律若干问题的解释》：该司法解释明确了其适用范围为办理危害食品安全刑事案件，详细列出了生产、销售不符合食品安全标准的食品,且足以造成严重食物中毒事故或者其他严重食源性疾病的情形,明确了生产、销售有毒、有害食品,且对人体健康造成严重危害或其他严重情节的情形,旨在根据《中华人民共和国刑法》和《中华人民共和国刑事诉讼法》的有关规定,对办理此类案件适用法律的若干问题进行解释。该解释自2022年1月1日起施行,为办理危害食品安全刑事案件提供了明确的法律适用标准和量刑依据,有助于加强食品安全监管和打击危害食品安全的犯罪行为。

此外,还有《食品安全抽样检验管理办法》等部委规章,分别对食品安全的不同环节和方面进行了具体规定和管理。除国家规定外,各地市有地方性法规,对食品安全工作进行了详细规定,如《北京市食品安全条例》《上海市食品安全条例》《广东省食品安全条例》等。

4.3　食品安全管理体系

食品安全管理体系作为确保食品从农田到餐桌全链条安全的有效手段,其在现代食品产业中的核心地位日益凸显。一个完善、高效的食品安全管理体系,能够通过科学的风险评估、严格的监管措施及持续的改进机制,有效预防和控制食品安全风险,保障消费者的合法权益,促进食品产业的健康发展。

本节内容将深入介绍食品安全管理体系的各个组成部分,包括食品生产经营许可制度、良好生产规范(good manufacturing practice,GMP)、卫生标准操作程序(sanitation standard operating procedure,SSOP)、危害分析与关键控制点(HACCP)、ISO 22000食品安全管理体系等。这些体系与工具各有侧重,相互补充,共同构成了保障食品安全的坚固防线。

4.3.1　食品生产经营许可制度

4.3.1.1　定义

食品生产经营许可制度是依据《中华人民共和国食品安全法》及其配套法规制定的制度,是指国家为了保障食品安全,规范食品生产经营活动,对从事食品生产、销售、餐饮服务等活动的企业和个人实行的一种前置性行政许可制度。该制度要求食品生产经营者在开展相关业务前,必须依法向相关监管部门提出申请,经过审核并满足一定条件后,方可获得食品生产经营许可证,从而合法开展经营活动。

4.3.1.2　目的

该制度的目的在于通过严格的许可管理,确保食品生产经营者具备必要的生产条件、技术能力、质量控制体系等,从而从源头上保障食品的安全性和质量。同时,许可制度也有助于规范食品市场秩序,防止不合格食品流入市场,保护消费者的合法权益。

4.3.1.3　申请与审批流程

食品生产经营许可的申请需遵循以下主要流程:首先,申请人需准备齐全相关材料,包括企业资质证明、生产工艺流程图、质量控制体系文件等;其次,向当地食品安全监管部门提交申请,并缴纳相应的费用;随后,监管部门将对申请材料进行审核,并可能进行现场核查，以确认申请人是否满足许可条件；最后，经审核合格后，监管部门将颁发食品生产经营许可证，明确许可范围、有效期等关键信息。

4.3.1.4 监管与处罚机制

为确保食品生产经营者持续遵守许可要求，监管部门将采取多种方式进行监督，包括日常巡查、抽检、专项检查等。一旦发现持证企业存在违规行为，如生产条件不达标、使用非法添加剂、销售过期食品等，监管部门将依据相关法律法规进行处罚，处罚措施主要包括警告、罚款、责令停产停业、吊销许可证等。

4.3.1.5 作用与意义

食品生产经营许可制度在保障食品安全、规范市场秩序方面发挥着重要作用。首先，该制度提高了食品生产经营者的准入门槛，确保了食品行业的整体素质和水平；其次，通过严格的许可管理和监督检查，有效遏制了食品安全风险的发生和传播；最后，该制度还为消费者提供了权威的食品安全信息来源，增强了消费者的信心和满意度。因此，食品生产经营许可制度是保障食品安全、促进食品产业健康发展的重要基石。

4.3.2 良好生产规范（GMP）

4.3.2.1 GMP 概述

GMP 是一套旨在确保食品、药品等产品在生产过程中达到高质量标准的国际性指导原则。在食品生产中，GMP 的应用尤为重要，它涵盖了从原料采购到成品出厂的每一个环节，旨在通过科学的管理方法和严格的操作规程，最大限度地降低食品污染的风险，确保产品的安全性和质量稳定性。GMP 的实施不仅有助于提升企业的生产管理水平，还能增强消费者对产品的信任度，促进食品行业的健康发展。

4.3.2.2 环境与设施要求

GMP 要求食品生产企业必须建立并维护一个清洁、卫生、无污染的生产环境。这包括定期对生产区域进行彻底的清洁和消毒，使用符合食品安全标准的清洁剂和消毒剂，并确保所有设备和工具在使用前后都经过适当的清洁处理。此外，为了防止交叉污染，不同种类的食品原料、半成品和成品应分别存放，并采取有效的隔离措施。

4.3.2.3 生产过程控制

GMP 强调对食品生产全过程的严格控制。在原料采购环节，企业应确保原料来源可靠，质量符合标准，并建立完善的原料验收制度。加工过程中，应严格按照生产工艺流程进行操作，控制温度、湿度、时间等关键参数，确保产品质量。包装材料应无毒无害，符合食品安全要求，并在包装过程中避免污染。贮藏环节则需注意温湿度控制，防止食品变质。

4.3.2.4 人员管理与培训

GMP 要求食品生产企业必须重视人员管理与培训。企业应建立健全的人员管理制度，明确各岗位职责，确保员工具备相应的专业知识和技能。同时，企业还应定期组织员工参加食品安全知识培训，提高员工的食品安全意识和操作技能，确保员工能够按照 GMP 要求规范操作。

4.3.2.5 GMP 的实施成效与持续改进机制

GMP 的实施能够显著提升食品生产企业的管理水平，降低食品安全风险，提高产品质量和市场竞争力。然而，GMP 并非一成不变，随着科技的进步和消费者需求的变化，GMP 标准也在不断更新和完善。因此，食品生产企业应建立持续改进机制，定期对 GMP 的实施情况进行评估，发现问题及时整改，并不断探索和应用新的管理方法和技术手段，以不断提升食品安全管理水平。

4.3.3 卫生标准操作程序（SSOP）

4.3.3.1 SSOP 的基本概念与框架

SSOP 是食品安全管理体系中的重要组成部分，它是一套旨在确保食品生产、加工、贮藏、运输和销售等环节中卫生条件符合规定要求的详细操作规程。SSOP 框架包括但不限于 8 项基本内容：食品用水（冰）和生产用水（冰）的安全；食品接触的表面的状况和清洁消毒；防止交叉污染；洗手、手消毒和卫生间设施维护；防止化学、物理和生物污染物；正确标识、存放和使用有毒化合物的容器；员工健康状况的控制；害虫的灭除。通过实施 SSOP，企业能够系统地识别和控制可能导致食品污染的风险点，确保食品的卫生安全。

4.3.3.2 清洗与消毒程序

清洗与消毒是 SSOP 中的核心内容之一。企业需制定详细的清洗与消毒计划，明确清洗对象、频率、方法及所使用的清洁剂和消毒剂种类。这包括对生产设备、工具、容器、包装材料及生产环境（如地面、墙壁、天花板等）的定期清洗与消毒，以确保生产环境的卫生状况符合标准要求，从而有效减少微生物和其他污染物的滋生与传播。

4.3.3.3 个人卫生管理

个人卫生管理是防止食品污染的重要环节。SSOP 要求企业对员工健康状况进行监控，确保患有可能影响食品安全的疾病或创伤的员工不得直接参与食品生产活动。同时，SSOP 还规定了员工的着装要求，如穿戴整洁的工作服、帽子、口罩和手套等，以减少因员工个人习惯或健康状况不良而对食品造成的污染风险。

4.3.3.4 虫害与异物控制

虫害和异物是食品生产中常见的外部污染源。SSOP 要求企业采取综合措施来控制虫害和异物的侵入，如设置防虫设施、定期检查和维护、及时清理废弃物和垃圾等。此外，企业还需建立异物控制程序，对原料、加工过程和成品进行严格的监控和检查，以确保最终产品中不含任何有害的异物。

4.3.3.5 SSOP 与 GMP 的关联

SSOP 与 GMP 在食品安全管理体系中紧密相连、相互依赖、相互补充。它们共同构成了确保食品安全与质量的坚固防线，为消费者提供安全、可靠的食品产品。

GMP 是制定 SSOP 计划的依据，也是 SSOP 的法律基础。GMP 为食品生产提供了全面的指导和要求，而 SSOP 则是将这些原则和要求具体化到实际生产过程中，指导卫生操作管理的具体实施。

GMP 的规定是原则性的，它规定了食品生产过程中的基本要求，如生产环境、设备设施、人员管理等。而 SSOP 则更具操作性，它详细说明了如何达到 GMP 的要求，如具体的清洗与消毒程序、个人卫生管理、虫害与异物控制等。

GMP 和 SSOP 在食品安全管理体系中相互依赖、相互补充。没有 GMP 的宏观指导，SSOP 的制定将失去方向；而没有 SSOP 的具体实施，GMP 的要求也无法得到有效落实。两者共同作用，确保食品生产过程的卫生和安全。

4.3.4 危害分析与关键控制点（HACCP）

HACCP 是一种预防性的食品安全管理体系，旨在通过科学的方法识别、评估和控制食品生产过程中可能发生的危害，从而确保食品的安全性。

4.3.4.1 HACCP 的原理

HACCP 体系基于 7 个基本原理构建，这些原理共同构成了预防食品安全风险的科学框架。

（1）进行危害分析

对食品生产加工过程中可能存在的生物性、化学性和物理性危害进行全面识别，并评估其发生的可能性和严重性。

（2）确定关键控制点（CCP）

基于危害分析的结果，确定那些能够通过控制措施来预防、消除或降低到可接受水平的危害发生的步骤或环节，即关键控制点。

（3）制定关键限值（CL）

为每个 CCP 设定具体的、可测量的控制参数或标准，这称为关键限值。这些限值用于确保 CCP 得到有效控制。

（4）建立监控程序

制定并实施监控计划，以确保 CCP 始终在控制之下。监控活动应定期或连续进行，并记录结果。

（5）建立纠正措施

当监控结果显示 CCP 偏离关键限值时，应立即采取纠正措施，以恢复控制并防止危害的发生。

（6）建立验证程序

通过审核、检查或其他方法验证 HACCP 体系的运行是否有效，包括监控和纠正措施是否得到正确实施。

（7）建立记录保持程序

详细记录与 HACCP 体系相关的所有活动、监控结果和纠正措施等，以便进行追溯、验证和持续改进。

4.3.4.2 实施流程

HACCP 计划的实施是一个系统而详细的过程，它确保了食品安全管理的连续性和有效性。

(1) 成立 HACCP 计划拟定小组

组建一个跨职能的 HACCP 小组，并确定小组组长，明确各成员职责，确保小组能够有效协作。

(2) 描述产品

详细描述产品的特性，包括原料成分、加工方式、产品形态、包装方式等，分析产品的预期用途，如直接食用、进一步加工等。

(3) 确定最终产品用途及消费对象

明确产品的最终用途，如家庭消费、餐饮服务业、工业用途等，分析并确定产品的目标消费群体及其特定需求。

(4) 编制流程图

绘制从原料接收到成品出货的详细生产流程图，包括所有步骤和决策点。确保流程图准确反映了实际生产过程，包括任何可能的返工或再加工步骤。

(5) 流程图现场检验

实地检查生产流程，验证流程图的准确性，并根据现场观察，对流程图进行必要的修改和完善。

(6) 危害分析及控制措施

对流程图中的每个步骤进行潜在危害分析，包括生物性、化学性和物理性危害。评估各危害的严重性和发生频率，确定需要控制的危害。为每个需要控制的危害制定控制措施，以降低其风险至可接受水平。

(7) 确定关键控制点（CCP）

根据危害分析的结果，确定哪些步骤或环节是控制特定危害所必需的，即关键控制点（CCP），列出所有 CCP，并明确其控制对象。

(8) 确定各 CCP 的关键限值（CL）

为每个 CCP 设定具体的、可测量的关键限值（CL），以确保 CCP 得到有效控制，这些限值应基于科学数据、法规要求或行业经验来确定。

(9) 建立各 CCP 的监控制度

制定详细的监控计划，包括监控对象、监控频率、监控方法、监控人员等，确保监控活动能够及时发现 CCP 的失控情况。

(10) 建立纠偏措施

为每个 CCP 制定具体的纠偏措施，以在监控结果显示 CCP 失控时迅速恢复控制，纠偏措施应明确、可行，并能在最短时间内实施。

(11) 建立验证（审核）措施

制定验证计划，定期对 HACCP 体系的有效性进行评估，通过内部审核、外部审计、产品检测等方式收集证据，验证 HACCP 体系的运行效果。

(12) 建立记录保存和文件归档制度

建立详细的记录系统，记录与 HACCP 体系相关的所有活动，包括危害分析、CCP 监控、纠偏措施执行和验证结果等。应确保记录的准确性和可追溯性，为持续改进和应对食品安全问题提供依据。

(13) 回顾 HACCP 计划

定期对 HACCP 计划进行回顾和评审,以评估其持续的有效性和适用性。根据评审结果,对 HACCP 计划进行必要的修改和完善,以适应生产过程中的变化和新出现的食品安全风险。

4.3.4.3 HACCP 的特点

1) HACCP 体系并非孤立存在,而是依赖于一套完善的食品生产管理体系。HACCP 必须建立在 GMP(良好生产规范)和 SSOP(卫生标准操作程序)的基础上。

2) 尽管 HACCP 的目标是最大限度地减少食品安全风险,但它并不能完全消除所有风险。因为食品生产涉及众多变量和不可控因素,如原料来源的多样性、生产过程中的微小变化等。然而,通过 HACCP 体系的实施,可以系统地识别并控制那些对食品安全有显著影响的危害点,从而大大降低食品出现安全问题的概率,使食品生产尽可能接近"零缺陷"状态。

3) HACCP 体系明确食品安全的责任首先归于食品生产商及食品销售商。这意味着他们必须主动承担起确保食品安全的责任,通过实施 HACCP 计划来管理和控制食品生产过程中的危害点。这种责任的明确,有助于提升整个食品行业的安全意识和管理水平。

4) HACCP 体系强调加工过程工厂与政府的交流沟通。这种沟通不仅限于日常的监管和检查,更重要的是在 HACCP 计划的制定、实施和验证过程中,双方能够共享信息、交流经验、协作解决问题。这样一来,政府检验员可以更加精准地了解企业的生产状况和风险点,从而将有限的监管资源集中在最易发生安全危害的环节上,提高监管效率和效果。

5) 由于不同食品的加工过程存在显著差异,因此每个 HACCP 计划都需要根据具体的食品加工方法来制定,每个 HACCP 计划都反映了某种食品加工方法的专一特性。

4.3.5 ISO 22000 食品安全管理体系

4.3.5.1 ISO 22000 标准概述

随着经济全球化的发展和社会文明程度的提高,食品安全问题日益受到全球关注。为了确保食品生产、操作和供应过程中的安全性,国际标准化组织(ISO)于 2005 年发布了 ISO 22000:2005 食品安全管理体系标准。该标准是在全球范围内广泛应用的食品安全管理国际标准,旨在帮助组织建立一套科学、系统的食品安全管理体系。

ISO 22000 的主要目的是为食品链中的组织提供一套统一的食品安全管理要求,以指导组织建立、实施、保持和持续改进其食品安全管理体系。通过该标准的实施,生产、操作和供应食品的组织能够证明其有能力控制食品安全危害和影响食品安全的因素,确保所生产的食品符合相关法规要求,并满足消费者的期望。

ISO 22000 标准适用于食品链中所有希望建立保证食品安全体系的组织,无论其规模、类型和所提供的产品如何。它涵盖了农产品生产、动物饲料生产、食品生产、批发和零售,以及与食品有关的设备供应、物流、包装材料供应、农业化学品和食品添加剂供应等各个环节。此外,该标准还适用于涉及食品的服务供应商和餐厅等。

4.3.5.2 认证流程

1）准备阶段：企业首先需要对自身的食品安全管理体系进行自查，确保其符合 ISO 22000 标准的要求。同时，企业还需要准备相关的文件和记录，以供认证机构审核。

2）申请阶段：企业向认证机构提交申请，填写申请表格并附上相关文件和资料。认证机构将对企业的申请进行初步审核，确认其是否符合申请条件。

3）审核阶段：认证机构将派遣审核员到企业进行现场审核。审核过程包括文件审核和现场审核两部分，以验证企业的食品安全管理体系是否符合 ISO 22000 标准的要求。

4）认证决定：根据审核结果，认证机构将做出是否给予认证的决定。如果企业符合标准要求，认证机构将颁发 ISO 22000 认证证书。

4.3.5.3 价值与意义

1）提升企业形象：通过 ISO 22000 认证，企业能够向消费者和监管机构展示其食品安全管理的专业性和规范性，从而提升企业的品牌形象和信誉度。

2）增强市场竞争力：获得 ISO 22000 认证的企业在市场竞争中更具优势，能够吸引更多客户和合作伙伴的关注和信任。

3）提高管理水平：ISO 22000 标准为企业提供了一套科学、系统的食品安全管理要求，有助于企业规范操作流程、提高管理效率和质量水平。

4）满足法规要求：通过 ISO 22000 认证，企业能够确保其产品和流程符合相关法规要求，避免因违反法规而引发的风险和损失。

4.3.5.4 国际认证对提升企业竞争力的意义

1）增强国际信任度：获得 ISO 22000 国际认证的企业在国际市场上更容易获得客户和合作伙伴的信任。这是因为 ISO 22000 作为国际公认的食品安全管理体系标准，具有高度的权威性和公信力。拥有该认证的企业能够向国际市场证明其食品安全管理的专业性和规范性，从而增强国际客户对其产品的信心和信任度。

2）促进国际贸易合作：获得 ISO 22000 认证的企业在国际贸易合作中更具优势。由于该标准在国际上被广泛接受和认可，拥有该认证的企业能够更容易地跨越贸易壁垒，进入国际市场。同时，该认证也为企业与国际客户、供应商和合作伙伴之间建立了共同的语言和信任基础，促进了贸易合作的顺利进行。

3）提升产品竞争力：在国际市场上，食品安全是消费者选择产品的重要因素之一。获得 ISO 22000 认证的企业能够证明其产品在生产、加工、贮藏和销售等各个环节都符合国际食品安全标准，从而提升了产品的竞争力和市场占有率。这种竞争优势有助于企业在国际市场上脱颖而出，赢得更多消费者的青睐。

4）促进持续改进和创新：ISO 22000 标准强调对食品安全管理体系的持续改进和创新。获得认证的企业需要定期进行内部审核和管理评审，以评估体系的有效性和适应性，并确定改进措施。这种持续改进的机制促使企业不断优化管理流程、提高产品质量和食品安全水平。同时，认证也为企业提供了与国际先进管理理念和技术的交流平台，促进了企业的技术创新和管理创新。

4.3.6 其他食品安全管理体系与工具

4.3.6.1 食品安全追溯系统

食品安全追溯系统是一种先进的食品安全管理工具,它通过信息化手段,对食品从生产、加工、运输、销售到最终消费的每一个环节进行记录、追踪和追溯。该系统利用条形码、二维码、无线射频识别(RFID)等技术手段,为每件食品分配唯一的身份标识,实现全程可追溯。一旦食品出现安全问题,可以迅速定位问题源头,采取有效措施,防止问题食品继续流向市场,保障消费者的健康权益。食品安全追溯系统的建立,不仅提高了食品安全管理的效率和准确性,还增强了消费者对食品安全的信心。

4.3.6.2 风险评估与预警机制

风险评估与预警机制是食品安全管理体系的重要组成部分。风险评估是指对食品中可能存在的危害因素进行识别和评估,确定其可能对人体健康造成的风险程度。预警机制则是在风险评估的基础上,对可能发生的食品安全风险进行预测和预警,提前采取措施,防止风险的发生或扩散。通过建立科学的风险评估模型和预警系统,可以及时发现潜在的食品安全问题,为决策者提供科学依据,确保食品安全管理的有效性和针对性。

4.3.6.3 第三方审核与检验

第三方审核与检验是保障食品安全的重要手段之一。第三方机构作为独立的第三方,不受生产者和消费者的利益影响,能够客观、公正地对食品质量进行检测和评估。通过第三方审核与检验,可以确保食品符合相关法规和标准要求,保障消费者的合法权益。同时,第三方审核与检验还可以为企业提供专业的技术支持和服务,帮助企业提升食品安全管理水平,提高产品质量和市场竞争力。

4.3.6.4 消费者教育与沟通

消费者教育与沟通是食品安全管理体系中不可或缺的一环。通过加强对消费者的食品安全知识宣传和教育,可以提高消费者的食品安全意识和自我保护能力。同时,加强与消费者的沟通和交流,及时了解消费者的需求和反馈,有助于企业更好地改进产品和服务质量。此外,还可以通过举办食品安全知识讲座、发放宣传资料等方式,普及食品安全知识,提高全社会的食品安全意识。通过这些措施的实施,可以形成全社会共同关注、共同参与食品安全管理的良好氛围。

4.4 食品安全监督管理体系及其运作机制

食品安全监督管理体系是保障公众健康和社会稳定的重要基石。随着食品产业的快速发展和全球化趋势的加强,食品安全问题日益复杂多变,给人们的生命安全和身体健康带来了潜在威胁。因此,建立健全食品安全监督管理体系,加强食品从农田到餐桌全链条的监管,对于预防和控制食品安全风险,保障公众健康权益,促进食品产业健康发展,维护社会和谐稳定具有重要意义。

4.4.1 食品安全监督管理体系构成

4.4.1.1 法律法规体系

食品安全法律法规体系是食品安全监督管理的法律基础。国内方面,主要包括《中华人民共和国食品安全法》及其配套法规,如《中华人民共和国食品安全法实施条例》《食品生产许可管理办法》等,这些法律法规明确了食品生产经营者的法律责任、监管部门的职责及食品安全的标准和要求。国际方面,各国和地区也制定了相应的食品安全法律法规,如欧盟的《通用食品法》、美国的《联邦食品、药品和化妆品法》等,这些国际法规为食品安全监管提供了重要的参考和借鉴。

法律法规在食品安全监督管理中发挥着至关重要的作用。它们为监管部门提供了执法依据,明确了食品生产经营者的法律责任,规范了食品市场的秩序。同时,法律法规还通过设定食品安全标准、规范生产经营行为、强化监管措施等手段,有效预防和控制了食品安全风险。

随着食品产业的发展和科技的进步,食品安全问题也在不断变化。因此,法规更新与修订机制是确保食品安全法律法规与时俱进、适应新情况的重要保障。该机制通常包括定期评估现有法规的有效性、及时修订不适应新形势的条款,以及根据国际标准和最佳实践引入新的法规要求等内容。

4.4.1.2 监管机构设置

(1) 监管机构的组成

我国食品安全监管机构主要由多个政府部门组成,为了统筹做好食品安全的监管工作,国务院成立了食品安全委员会,统一组织领导全国食品安全管理。省级、地级、县级、乡级各不同层级均相应设立了食品安全委员会。各成员单位的主要职责如下。

1) 市场监管部门:承担食品安全委员会的日常工作,负责食品安全生产、销售和餐饮环节及食品相关产品质量安全监管工作。

2) 农业农村部门:负责农产品种植和养殖的监管。

3) 卫生行政部门:负责食品安全风险监测,协助发布食品安全标准,配合做好食品安全事故调查。

4) 组织部门:将食品安全工作纳入党政领导干部政绩考核内容。

5) 宣传部门:负责指导和协调食品安全宣传和舆论引导。

6) 政法委:协调、督促政法单位依法办理重大危害食品药品安全犯罪案件。

7) 网信部门:配合做好食品药品安全网上宣传和舆论引导等工作。

8) 发展改革部门:提出食品工业发展规划,组织推进食品安全领域重要经济体制改革。

9) 教育行政部门:负责学校食品安全的日常管理,指导学校开展食品安全科普教育。

10) 公安部门:打击食品安全犯罪行为。

科学技术、工业和信息化、民政、司法、财政、商务、文化和旅游、海关、粮食、林业和草原、民用航空、铁路、生态环境等部门也分别在其职责范围内参与食品安全工作。这些职责共同构成了食品安全委员会的工作框架,确保食品安全的全面管理和有效监督。

（2）监管机构的职责

1）法律法规执行：监管机构负责执行国家制定的食品安全法律法规，对食品生产经营者进行监督检查，确保其遵守相关法律法规。

2）标准规范制定：参与或主导食品安全标准的制定和修订工作，确保标准的科学性和适用性。

3）监督检查：通过日常检查、专项检查、飞行检查等方式，对食品生产经营者的生产经营活动进行监督检查，发现问题及时整改或查处。

4）风险评估与监测：对食品安全风险进行评估和监测，及时发现潜在风险并采取措施予以防范。

5）应急处置：在食品安全事件发生时，迅速启动应急预案，组织力量进行处置，控制事态发展，减轻事件对公众健康和社会稳定的影响。

4.4.1.3 标准与规范体系

（1）食品安全国家标准、行业标准的制定与发布

食品安全标准和规范是保障食品安全的重要依据。国家标准由国务院卫生行政部门会同国务院食品安全监督管理部门制定、公布；行业标准则由国务院有关部门制定并公布。这些标准和规范涵盖了食品生产、加工、流通、消费等各个环节的食品安全要求，为食品生产经营者提供了明确的指导。

（2）标准的执行与监督

标准的执行与监督是确保食品安全标准和规范得到有效落实的关键环节。监管部门需要加强对食品生产经营者的监督检查力度，确保其按照标准和规范进行生产经营活动。同时，还需要建立健全的检测和评估机制，对食品质量进行定期检测和评估，确保食品安全标准的符合性。

（3）国际标准对接与转化

随着全球化的深入发展，食品安全标准的国际化趋势日益明显。为了促进我国食品产业的国际竞争力，需要积极对接国际标准并推动其在国内的转化应用。这包括参与国际食品安全标准的制定和修订工作、加强与国际组织的合作与交流，以及将国际先进标准转化为国内标准等。通过这些措施，可以推动我国食品安全标准体系的不断完善和提升。

4.4.2 食品安全监督管理的运作流程

4.4.2.1 风险监测与评估

食品安全风险监测是预防和控制食品安全问题的基础。为构建全面的食品安全风险监测网络，需要整合卫生健康、市场监管、农业农村等多部门资源，形成覆盖食品生产、加工、流通、消费全链条的监测体系。该网络利用现代信息技术手段，如大数据分析、物联网等，实时监测食品中的有害物质残留、微生物污染等潜在风险。

风险评估作为关键环节，采用科学的方法对监测到的风险进行评估。具体流程包括危害识别、危害特征描述、暴露评估和风险特征描述4个步骤。通过这些步骤，能够系统地分析风险源、暴露途径、风险程度，为制定监管措施提供科学依据。

风险预警机制的建立是确保风险信息及时传递和应对的关键。一旦监测到可能引发食

品安全问题的风险,将立即启动预警程序,通过多渠道向相关部门、企业和公众发布预警信息,同时采取必要的预防性措施,防止事态扩大。

4.4.2.2 监督检查与执法

为确保食品安全法律法规的有效执行,监管机构采取多种监管手段进行监督检查。日常监督检查是常态化的监管方式,旨在及时发现和纠正食品生产经营过程中的不规范行为。专项检查则针对特定问题或时段进行集中整治,如节假日期间的食品安全检查。飞行检查作为一种灵活高效的监管手段,通过不打招呼、不定时间的方式直接进入企业进行突击检查,有效遏制了企业的侥幸心理和违规行为。

对于发现的违法行为,监管机构将依法进行查处并予以处罚。处罚措施包括警告、罚款、责令停产停业、吊销许可证等,并根据违法情节的严重程度予以裁量。同时,建立健全失信联合惩戒机制,将违法企业纳入"黑名单",通过市场手段实现对其的约束和惩罚。

4.4.2.3 信息管理与公开

食品安全信息的管理与公开是保障公众知情权、参与权和监督权的重要途径。监管机构建立了一套完善的信息收集、整理、分析、报告与公开制度。通过食品安全信息系统,全面收集各类食品安全信息,包括监测数据、监督检查结果、违法行为查处情况等。对这些信息进行深入分析,提炼出有价值的情报和趋势,为政策制定和监管决策提供支持。

同时,监管机构还积极推动食品安全信息的公开透明。通过政府网站、新闻发布会、媒体等多种渠道及时发布食品安全信息,让消费者了解食品安全的真实状况。对于消费者投诉与举报,建立快速响应机制,确保每一条投诉都能得到及时、有效的处理。

4.4.2.4 应急管理与处置

食品安全突发事件具有突发性、复杂性和社会性等特点,需要建立健全的应急响应机制来应对。监管机构制定了完善的应急预案,明确了应急响应的等级、程序和措施。一旦发生食品安全突发事件,将立即启动应急预案,迅速组织力量进行处置。

在应急处置过程中,注重加强协调联动和信息共享。各部门之间密切配合,形成合力;同时及时向社会发布权威信息,稳定公众情绪。通过深入调查事故原因,总结经验教训,提出针对性的改进措施和建议,为防范类似事件再次发生提供有力保障。

4.4.3 食品安全监督管理的技术支持与保障

4.4.3.1 科技支撑

在食品安全监督管理体系中,科技支撑发挥着至关重要的作用。随着科技的进步,多种现代科技手段被广泛应用于食品安全监管领域,极大地提升了监管的效率和准确性。

(1)快速检测技术

快速检测技术的发展使得监管部门能够在短时间内对食品中的有害物质、微生物污染等进行筛查,有效缩短了检测周期,提高了监管的时效性。这些技术包括生物传感器、免疫分析、光谱分析等多种方法,具有操作简便、结果准确等优点。

(2)信息化监管平台

信息化监管平台是运用现代信息技术构建的集数据采集、分析、预警、追溯等功能于一体的综合管理平台。通过该平台，监管部门可以实现对食品生产、加工、流通等全链条的实时监控和动态管理，提高监管的精准度和覆盖面。同时，平台还能够为公众提供便捷的食品安全信息查询服务，增强消费者的知情权和监督权。

4.4.3.2 人才培养与队伍建设

食品安全监管工作的有效开展离不开高素质的专业人才和强大的监管队伍。因此，加强人才培养与队伍建设是保障食品安全监管工作顺利进行的关键。

4.4.3.3 社会共治

食品安全是全社会共同关注的问题，需要政府、企业、行业协会、消费者等多元主体共同参与、共同治理。推动形成社会共治的良好局面，是保障食品安全的有效途径。

参 考 文 献

陈彩丽. 2024. 基于大数据环境下食品安全管理的创新措施. 食品安全导刊，（7）：13-15.

韩世鹤，高媛，杨洋，等. 2020. 德国与我国食品监管的差异及启示. 现代食品，（19）：5-10.

申凡. 2023. 食品生产过程中质量控制与食品安全管理. 食品安全导刊，（32）：32-35.

王芳. 2024. 食品生产安全管理与风险评估研究. 现代食品，30（4）：157-159.

徐立清，王爱竹，刘佩，等. 2024. "从农田到餐桌"全链条食品质量与安全管理策略分析. 食品安全导刊，（11）：25-27.

5 食品安全风险分析与治理

《中华人民共和国农产品质量安全法》《中华人民共和国食品安全法》和《企业落实食品安全主体责任监督管理规定》，对食品安全风险监测、评估分析、管控治理进行了法理规定。这也表明，我国已经把风险评估纳入法治轨道，已开始用法律的形式来保证风险评估的实施。本章将对从田间地头到餐桌全链条的重点食品品种的安全风险进行分析，对相关危险因素提出治理措施。

【案例导入】

随着食品安全风险分析法律法规和技术的发展，方便食品如速冻饺子，从农作物种植与农产品饲养到餐桌上，需经过食品生产安全、食品经营安全、食品抽检安全、食品设备安全等全链条的食品安全风险分析，对相关危险因素采取治理措施，从而控制速冻饺子的产品质量。

【学习目标】

掌握食品安全风险分析与治理的概念。

掌握食用农产品安全风险分析与治理方法。

掌握食品生产经营环节安全风险分析与治理方法。

掌握食品消费环节安全风险分析与治理方法。

5.1 食品安全风险分析与治理概述

5.1.1 食品安全风险的概念

风险是指在特定的环境和时间段内，某种不利情况发生的可能性及其可能造成的影响。它更多的是一种基于概率和预测的概念。食品生产安全风险，是指在农产种植养殖、生产经营、贮存运输、餐食制作、消费食用过程中可能对消费者健康造成不良影响的所有潜在危害，包括但不限于微生物污染、化学物质残留和物理性危害。从性质上来说，风险具有不确定性和可变性。它可能因为环境的变化、采取的措施等因素而发生改变。

5.1.2 食品安全风险分析

食品安全风险分析是对影响食品安全质量的各种主观因素危害、客观因素危害进行评估。客观因素又包括生物性、化学性、物理性和环境因素；主观因素包括转基因食品、从业人员素质、公众食品安全意识、管理体制方面的因素。

5.1.2.1 客观因素

（1）生物性因素

包括细菌、病毒、真菌、寄生虫和天然毒素等，这些危害可能通过不卫生的生产条件、原料污染或不当的贮藏和处理传播到食品中。

细菌是导致食品污染的常见生物因素之一。例如，沙门菌、大肠杆菌和金黄色葡萄球菌等，常常存在于未经妥善处理的肉类、蛋类和乳制品中。这些细菌在适宜的温度和环境下迅速繁殖，一旦被人体摄入，可能引发胃肠道疾病，出现腹泻、呕吐、发热等症状，严重时甚至会危及生命。

病毒也是不容忽视的生物性危害源。诺如病毒、甲型肝炎病毒等可以通过受污染的水、食品加工人员的不洁操作等途径传播到食品中。病毒往往具有较强的传染性，容易在人群中引起大规模的食源性疾病。

真菌及其产生的毒素同样会对食品安全造成严重影响。黄曲霉毒素是一种常见的真菌毒素，主要存在于发霉的谷物和坚果中。长期摄入含有黄曲霉毒素的食物，可能导致肝损伤、癌症等严重的健康问题。

寄生虫也是生物性危害的一个方面。旋毛虫、绦虫等寄生虫可以通过未经充分煮熟的肉类或受污染的水源进入人体，引起寄生虫病，如猪带绦虫病、华支睾吸虫病、广州管圆线虫病等，给人体健康带来损害。

天然毒素并非人为添加或污染所致，却同样能对人体健康造成严重危害。比如，某些豆类，如菜豆、扁豆，如果未煮熟煮透，其中含有的皂苷、植物血凝素等天然毒素就无法被完全破坏，食用后可能导致恶心、呕吐、腹痛等中毒症状。发芽的土豆中会产生龙葵素，这是一种有毒的生物碱，摄入过量会引起肠胃炎，使喉咙产生灼烧感，甚至呼吸困难。再如，误食毒蘑菇可能引发严重的中毒反应，甚至危及生命。

此外，河鲀鱼体内含有的河鲀毒素是一种极强的神经毒素，若处理不当食用，可能导致呼吸麻痹和死亡。而某些果仁，如苦杏仁中的苦杏仁苷，在体内分解后会产生氢氰酸，过量摄入也会引起中毒。

（2）化学性因素

包括农药残留、兽药残留、重金属污染、食品添加剂滥用及食品接触材料中的有害物质迁移等。

在农业生产中，为了防治病虫害和提高农产品产量，农药被种植户大量使用。然而，如果使用不当或未遵守安全间隔期，农产品上可能残留过量的农药，如有机磷、有机氯等。这些农药残留进入人体后，可能对神经系统、免疫系统等造成损害。同样，在畜牧业中，兽药用于预防和治疗动物疾病，但过量的兽药残留，如抗生素、激素等，也会通过食物链传递给人类，引发过敏反应、耐药性等问题。

工业废水排放、土壤污染等因素可能导致食品中的重金属（如铅、汞、镉等）含量超标。重金属在人体内积累，会对肾、肝、骨骼等器官产生慢性毒性，甚至影响生殖系统和神经系统的正常功能。

虽然食品添加剂在一定程度上能够改善食品的品质和口感，但过量或违规使用可能对健康造成危害。例如，某些人工合成色素、防腐剂等，长期摄入可能增加患病风险。

此外，食品接触材料中的化学物质迁移也不容忽视。食品包装材料中的塑化剂、双酚 A 等有害物质可能会迁移到食品中，从而进入人体。

（3）物理性因素

包括金属碎片、玻璃碎片、塑料颗粒、石子及其他异物，它们可能在食品的生产、加工、包装或分销过程中意外混入。在食品生产、加工、运输和贮藏过程中，都有可能混入各种异物。例如，原料在种植或采摘过程中可能混入沙石、尘土；加工设备老化或维护不当产生金属碎屑；包装材料破裂导致有玻璃碎片、塑料颗粒等。此外，人为疏忽也可能导致异物进入食品，如头发、昆虫、订书钉等。这些物理性杂质和异物一旦被误食，可能引发多种危害。

（4）环境因素

农业生产环境的污染是导致食品安全问题的首要环境因素。工业废水、废气和废渣的排放，使得土壤、水源和空气受到污染。土壤中的重金属如镉、铅、汞等，会被农作物吸收并积累，进而进入食物链。受污染的水源用于灌溉，也会导致农产品中有害物质的残留。此外，大气中的污染物如二氧化硫、氮氧化物等，可能会沉积在农作物表面，影响其品质和安全性。

气候变化也是影响食品安全的重要环境因素。极端天气事件，如干旱、洪涝、高温等，不仅会直接影响农作物的产量和质量，还可能改变病虫害的发生规律和传播范围。为了应对病虫害的威胁，农民可能会增加农药的使用量，从而增加农药残留超标的风险。同时，气候变化还可能影响动物的养殖环境，导致动物疫病的发生，进而影响畜禽产品的安全性。

自然灾害类引发的食品安全风险，主要表现为暴雨、洪水、地震、泥石流、火山爆发等自然灾害导致的水源污染、食品污染和腐败变质、食品供应链中断、食源性疾病暴发、营养缺乏病等问题。

环境污染还可能导致食品在加工、贮藏和运输过程中受到二次污染。例如，不符合卫生标准的加工场所，可能会使食品受到微生物、灰尘和化学物质的污染。在贮藏和运输环节，如果环境温度、湿度控制不当，或者包装材料不合格，也会导致食品变质或受到有害物质的渗透。

5.1.2.2 主观因素

（1）转基因食品

转基因技术作为现代生物技术的重要成果，在农业领域的应用带来了显著的经济效益和社会效益，但与此同时，转基因食品所潜在的风险也引发了广泛的关注和争议。

转基因食品的风险之一在于可能引发过敏反应。由于转基因过程中引入了新的基因，这些基因所表达的蛋白质可能成为新的过敏原，这对于过敏体质的人群构成潜在威胁。例如，原本对某种食物不过敏的人，可能因为其被转基因后产生的新蛋白质而出现过敏症状。

关于长期食用转基因食品对人体健康的潜在影响，目前的研究仍存在一定的不确定性。虽然短期内未观察到明显的危害，但由于转基因食品在市场上的应用时间相对较短，长期的潜在风险还需要持续的监测和研究。

（2）从业人员素质

从业人员的知识水平、技能掌握、道德观念和责任意识等方面的素质，直接影响着食品从生产到销售的各个环节，进而决定了食品安全风险的高低。由于从业人员对食品安全知识的了解不足，许多一线工作人员可能并不清楚食品加工和处理过程中的卫生标准、操作规范及潜在的风险点。例如，不了解不同食品的适宜贮藏温度和时间，可能导致食品变质；不熟悉食品添加剂的使用限量和范围，容易造成添加剂超标。

技能水平的欠缺也会增加食品安全风险。在食品烹饪、加工和包装等环节，缺乏熟练的操作技能可能导致交叉污染、加工不当等问题。比如，厨师在烹饪过程中未能彻底煮熟肉类，可能导致残留有害微生物；包装工人操作不熟练导致包装破损，可使食品暴露在外界污染环境中。

从业人员的道德和职业操守对食品安全同样关键。一些人为了追求经济效益和性价比，故意采用一些低成本、有风险的原料或操作，这可对人类健康造成威胁。

（3）公众食品安全意识

公众食品安全意识的强弱直接影响着个人的饮食选择和行为习惯。缺乏足够意识的消费者可能会更倾向于购买价格低廉但质量存疑的食品，忽视食品的生产日期、保质期、成分表等重要信息。他们可能对食品的贮藏和加工方式不重视，比如将食品长时间暴露在不适当的温度下，或者未能正确清洗和处理食材，从而增加了食品受到污染和变质的风险。

公众食品安全意识淡薄还可能导致对食品谣言和虚假信息的轻信与传播。一些没有科学依据的食品安全说法在网络和社交媒体上广泛流传，如某些食物的"神奇功效"或"致命危害"，引发不必要的恐慌和错误的饮食决策。

（4）管理体制

食品安全管理体制通常涵盖了从农田到餐桌的全过程监管，涉及多个部门，这期间，可能出现食品安全监管体制不顺畅，导致监管有漏洞，从而使不合格产品流入市场。

5.1.3 食品安全风险治理

为了降低这些风险，需要采取一系列措施，包括加强食品安全法规的执行、提高食品生产企业的食品安全管理水平、增强公众的食品安全意识，以及发展更先进的食品安全检测技术。通过这些措施，可以有效减少食品安全事件的发生，保障消费者的健康和安全。

5.2 食用农产品安全风险分析与治理

食用农产品是指来源于种植业、林业、畜牧业和渔业等供人食用的初级产品，即在农业活动中获得的植物、动物、微生物及其产品，还包括经过分拣、去皮、剥壳、干燥、粉碎、清洗、切割、冷冻、打蜡、分级、包装等加工但未改变其基本自然性状和化学性质的产品，不包括法律法规禁止食用的野生动物产品及其制品。食用农产品安全风险分析与治理是一项长期而艰巨的任务。通过加强农业生产环境监管，规范农业生产过程，加强农产品加工、运输、贮藏环节的监管，建立完善的农产品质量安全追溯体系，加强公众教育和宣传，以及推动科技创新和研发等措施，我们可以有效地降低食用农产品安全风险，保障人类健康和生命安全。同时，我们也需要认识到治理面临的挑战，并采取相应的应对策略，不断完善和提升食用农产品安全水平。本节将对种植业、林业、畜牧业和渔业食用农产品安全风险进行分析，并提出治理建议。

5.2.1 种植业食用农产品安全风险分析与治理

种植业食用农产品作为人们日常饮食的重要组成部分，其安全状况直接关系到公众的身体健康。因此，对种植业食用农产品的安全风险进行深入分析具有重要的现实意义。

5.2.1.1 种植业食用农产品安全风险的来源

(1) 农药残留

为了防治病虫害和提高农作物产量，克百威、毒死蜱、吡虫啉等农药在种植业中被广泛使用。然而，如果农药使用不当，超剂量、超范围或未遵守安全间隔期，就可能导致农药在农产品中残留超标。例如，毒死蜱是一种有机磷类广谱杀虫剂，批准其可在大豆、玉米、花生等作物上使用，但禁止在蔬菜上使用；克百威是一种氨基甲酸酯类杀虫剂，批准在棉花、水稻、花生等作物上使用，但不得用于蔬菜、果树、茶叶、中草药药材上。这些残留的农药可能对人体的神经系统、免疫系统和生殖系统等造成损害。

(2) 化肥过度使用

化肥的大量投入虽然在一定程度上增加了农作物的产量，但过度使用可能导致土壤酸化、板结，影响土壤质量。同时，过量的氮、磷等元素通过地表径流和地下渗透进入水体，可造成环境污染。

(3) 环境污染

工业"三废"的排放、汽车尾气及农业废弃物的不合理处置等，都可能导致大气、水和土壤的污染。受污染的环境会影响农作物的生长，使其吸收和积累有害物质，如二氧化硫、氮氧化物、颗粒物等，可能沉降在农作物表面或被吸收，铅、镉、汞等重金属被农作物吸收而进入食物链，从而影响食用农产品的安全。

5.2.1.2 种植业食用农产品安全风险治理

(1) 加强源头治理

推广绿色防控技术，减少化学农药的使用，鼓励使用生物农药和物理防治方法。科学合理地使用化肥，推广测土配方施肥，提高肥料利用率，减少化肥对环境的污染。严格执行农药使用安全间隔期，确保食用农产品度过安全间隔期后采收。加强对农业投入品的监管，严格控制农药、化肥的生产、销售和使用环节，打击假冒伪劣产品。

(2) 强化环境监测与治理

加大对工业"三废"的治理力度，加强对大气、水和土壤环境质量的监测，建立污染预警机制。对于已经受到污染的耕地，采取有效的修复措施，如土壤改良、植物修复等，降低污染物在农产品中的积累。

(3) 完善质量检测体系

建立健全农产品质量检测网络，加强对农产品生产基地、批发市场、超市等的检测力度，提高检测技术水平和准确性。实行农产品质量追溯制度，确保问题农产品能够及时召回和处理。

(4) 提高农民素质

推广标准化农业生产技术，加强对农民的培训和教育，将合理施肥、科学用药的知识和技术传递给农民，提高他们的安全生产意识和技术水平，引导农民按照标准进行生产操作，规范种植行为。

(5) 加强政策法规建设

完善农产品质量安全法律法规体系，加大对违法违规行为的处罚力度，提高违法成本，形成有效的法律威慑。

综上所述，种植业食用农产品的安全风险治理是一个复杂的问题，涉及多个环节和多种因素。只有通过加强源头治理、完善监管体系、提高公众意识等综合措施，才能有效地降低安全风险，保障公众的身体健康和农业产业的可持续发展。

5.2.2 林业食用农产品安全风险分析与治理

国家林业和草原局林业和草原改革发展司统计显示，森林食物（林业食用农产品，下称食用林产品）成为继粮食、蔬菜之后的我国第三大农产品。我国森林食物年产量超过2亿t，人均森林食物产量约130kg，居世界前列。按产品属性分为：林地蔬菜类，如竹笋、香椿、蘑菇、木耳等；林木果实类，如核桃、松子、板栗、苹果、大枣等；木本油料类，如茶油、橄榄油等；木本香料类，如八角、肉桂、花椒、桂皮等；森林药材类，如黄柏、山参、天麻、何首乌等。

5.2.2.1 食用林产品安全风险的来源

（1）生物毒素

近年来，误食含有生物毒素的林产品并不鲜见，而且往往引起致人死亡的严重后果。因此，食用林产品的生物毒素是影响食品安全的最大风险。而且，生物毒素是生物体产生的具有毒性的物质，其种类繁多，性质各异。例如，某些野生菌类可能会产生有剧毒的鹅膏肽类毒素，一旦误食，往往会对人体造成严重的肝肾功能损害，甚至危及生命。坚果类产品在贮藏不当的情况下，容易滋生黄曲霉毒素，这是一种强致癌物质，长期摄入会增加患癌风险。断肠草混入五指毛桃中被误食也常对人体健康造成严重危害。

（2）生长环境

类似于种植业食用农产品，食用林产品产地环境对其质量安全有着重要的影响。在农药残留、化肥过度使用、环境污染等状况下，食用林产品在生长过程中会不断吸收这些有害金属物质，并在食用林产品中富集。这些食品一旦被人体过量摄入就会导致腹泻、恶心、呕吐、腹痛等中毒反应，严重的还会引发各种呼吸系统、神经系统、血液系统等疾病，有可能致人残疾或死亡。

（3）贮藏

食用林产品常因其较好的食用价值及稀缺性为消费者所青睐。为提高食用林产品的保质期，延长其鲜活期，达到远距离高价销售的目的，一些商家或个人会过量使用化学保鲜剂和防腐剂来保存食用林产品，这些物质与食品长期混合，易引起食品变质或混入有害物质从而威胁消费者的身体健康。

5.2.2.2 食用林产品安全风险治理

（1）加强源头管理

从源头抓起，加强对林产品生长环境的监测和保护，减少污染源头。在采摘环节，提高采摘人员的专业知识和识别能力，确保采摘的产品安全无害。建立健全食用林产品质量安全管理机制，全面推进信息化追溯体系建设，落实生产经营主体追溯责任，实现生产记录可存储、产品流向可追踪、储运信息可查询。

（2）加强监督监管

组织开展食用林产品风险监测和监督抽检，对监测中发现的食用林产品不合格问题，及时处置、消除危害。相关监管部门也应加强对食用林产品的质量监管，建立完善的检测体系，严格把控市场准入标准，发现违法违规行为依法查处。

（3）开展宣传教育

强化食用林产品质量安全生产宣传，营造行业安全生产氛围。加强消费环节的宣传和引导，加大对生物毒素危害的宣传力度，提高公众的认知水平，增强消费者自我保护意识，在购买和烹饪食用林产品时，选择正规渠道，遵循正确的烹饪和贮藏方法。

5.2.3 畜牧业食用农产品安全风险分析与治理

畜牧业食用农产品即食用畜产品，是指人工饲养并用于食用的畜、禽及未经加工或者经初加工的肉、蛋、奶等畜禽产品。

5.2.3.1 食用畜产品安全风险的来源

（1）养殖环节

首先，违规使用抗生素、激素等药物，可能导致药物残留超标，对人体健康产生潜在危害。例如，长期摄入含有抗生素残留的畜产品，可能会导致人体产生抗药性，影响疾病的治疗效果。其次，饲料质量也是影响畜产品安全的重要因素。使用劣质饲料、受污染的饲料或添加违禁物质的饲料，可能使畜产品携带有害物质。再次，动物疫病（高致病性禽流感、非洲猪瘟、疯牛病等）的传播，如果防控不力，不仅会给养殖业带来巨大损失，还可能导致患病动物流入市场，威胁消费者的健康。

（2）加工运输

畜产品的屠宰、加工、包装、贮藏、运输过程中的不规范操作、卫生条件不达标，可能导致细菌、病毒等微生物污染。运输过程中的温度控制不当、包装破损等，会导致畜产品污染，加速畜产品的变质。

（3）销售环节

食用畜产品的销售环节同样是食品安全问题的一道关键防线。不法商贩出售过期食品、假冒伪劣产品，或者销售病死畜产品等行为，严重危害了消费者的身体健康。

5.2.3.2 食用畜产品安全风险治理

（1）加强源头管理

养殖者应增强法律意识和责任意识，严格遵循养殖规范，合理使用药物和饲料，加强疫病防控。

（2）加强过程监管

经营业户在加工运输过程中落实质量管控措施，确保质量安全。监管部门加大执法力度，完善监管体系，加强对养殖、加工、运输等环节的全程监管，提高检测技术和频率，对违规行为予以严厉打击。

（3）加强安全宣传

加强食品安全教育也至关重要。提高消费者对食用畜产品安全的认知水平，引导其选择正规渠道购买经过检验合格的产品，增强自我保护意识。

5.2.4 渔业食用农产品安全风险分析与治理

渔业食用农产品即食用渔产品，指淡水和海水里，养殖或野生的可供食用、提供丰富营养成分的鱼、虾、蟹、海带、紫菜等水产动植物及初加工产品，不包括罐头产品。

5.2.4.1 食用渔产品安全风险的来源

（1）环境污染

工业废水、农业面源污染、生活污水等排放到水域中，导致水体中的重金属、持久性有机污染物、农药和化肥残留等有害物质超标。这些污染物通过食物链在水生生物体内积累，进而影响渔业食用农产品的质量安全。

（2）养殖过程中的药物残留

在渔业养殖过程中，为了预防和治疗疾病、促进生长，可能会使用抗生素、激素、驱虫药等药物。如果使用不当或不遵守休药期规定，药物可能会在水产品中积累，对人体健康造成危害。

（3）饲料质量问题

劣质饲料中可能含有霉菌毒素、重金属、违禁添加剂等有害物质，这些物质会通过鱼类的摄食进入体内，影响渔业食用农产品的品质和安全性。

（4）微生物污染

渔业食用农产品在捕捞、运输、加工和贮藏过程中，如果卫生条件不佳，容易受到细菌、病毒、寄生虫等微生物的污染，导致食物中毒和疾病传播。例如，海鲜中常见的细菌有副溶血性弧菌、沙门菌等，食用含有致病活菌的海鲜可能引发急性胃肠炎、食物中毒等，严重时甚至可能危及生命。

（5）运输过程中非法添加

一些不法商贩为了保证渔业食用农产品的鲜活，在运输中可能非法添加，如加入孔雀石绿、抗生素、"鱼浮灵"等药物防止活鱼因缺氧、感染而死。

5.2.4.2 渔业食用农产品安全风险治理

（1）加强环境保护

加大对水域环境污染的治理力度，严格控制工业废水、农业面源污染和生活污水的排放，改善渔业养殖水域的生态环境。

（2）规范养殖行为

加强对渔业养殖过程的监管，推广健康养殖模式，科学合理使用药物和饲料，严格遵守休药期和停药期规定，确保水产品的质量安全。

（3）完善检测体系

建立健全渔业食用农产品质量安全检测体系，提高检测技术水平和检测能力，加大对水产品的抽检力度，及时发现和处理安全隐患。

（4）加强执法监督

加大对渔业食用农产品生产、加工、流通环节的执法监督力度，严厉打击非法添加、滥用食品添加剂、销售假冒伪劣水产品等违法行为，维护市场秩序。

5.3 食品生产经营环节安全风险分析与治理

食品安全一直是社会关注的热点,涉及食品生产、销售和餐饮服务等多个环节。根据国家市场监督管理总局发布的《食品生产许可分类目录》,食品种类共分32大类,品种繁多,安全风险复杂多变。本节将对湿粉类食品、小作坊生产加工食用花生油、肉制品、乳制品、固体饮料、保健食品、特殊医学用途配方食品、婴幼儿配方食品、食品添加剂、预制菜、学校食堂等11类食品安全风险进行分析,并提出相应的治理措施。

5.3.1 湿粉类食品安全风险分析与治理

5.3.1.1 风险来源

1)微生物污染:湿粉类食品因高含水量和丰富营养,易滋生有害微生物产生米酵菌酸等毒素。
2)生产不规范:小作坊生产条件差,使用劣质原料和非法添加剂。
3)贮存不规范:未按要求贮存或超过保质期销售。

5.3.1.2 治理措施

1)落实企业主体责任:加强内部管理,提高生产工艺水平,严格执行索证索票制度。
2)加大监管力度:加强日常监督检查,建立健全食品安全追溯体系。
3)增强自我保护:消费者选择正规渠道购买,注意产品标识和保质期。

5.3.2 小作坊生产加工食用花生油安全风险分析与治理

5.3.2.1 风险来源

1)黄曲霉毒素 B_1 超标:原料贮藏不当导致霉变。
2)苯并[a]芘超标:高温加工过程中产生。
3)塑化剂污染:包装材料不合格。
4)酸价、过氧化值超标:油脂氧化变质。

5.3.2.2 治理措施

1)落实食品安全主体责任:加强原料和辅料管理,执行卫生规范。
2)加强日常监督管理:重点检查卫生条件、原料采购和食品添加剂使用等。
3)规范小作坊生产经营:制定法规标准,明确登记条件和管理要求。
4)严厉打击违法生产加工:严肃查处假冒伪劣和滥用食品添加剂等行为。

5.3.3 肉制品安全风险分析与治理

5.3.3.1 风险来源

1)原材料污染:病原体、农药残留、兽药残留和重金属污染。
2)加工过程中的微生物污染:操作环境不卫生导致。
3)添加剂的不当使用:超量或超范围使用添加剂。

4）非法添加或掺杂掺假：使用非食用物质和掺假行为。

5.3.3.2 治理措施

1）加强源头治理：建立严格的原材料采购标准，规范兽药和饲料使用规范。
2）规范生产加工：引入先进设备和技术，严格执行生产规范和卫生标准。
3）加强质量监管：建立完善的质量检测体系，加强政府监管力度。

5.3.4 乳制品安全风险分析与治理

5.3.4.1 风险来源

1）原料奶质量不合格：奶牛健康状况差、饲料污染等。
2）生产加工操作不当：微生物、化学和物理污染。
3）贮藏与运输不当：温湿度控制不当导致变质。

5.3.4.2 治理措施

1）加强奶源管理：建立质量检测体系，推广标准化养殖。
2）规范生产加工：建立进货查验制度，控制生产过程中的污染风险。
3）完善贮藏与运输：建立冷链物流体系，防止产品污染。
4）加强质量安全监管：开展全链条监督管理和产品抽样检测。

5.3.5 固体饮料安全风险分析与治理

5.3.5.1 风险来源

1）非法添加：超范围、超限量使用食品添加剂。
2）虚假宣传：误导消费者使其认为固体饮料有预防疾病、治疗功能。
3）违规销售：以普通食品冒充特殊食品销售。

5.3.5.2 治理措施

1）落实企业食品安全主体责任：全面自查生产许可、非法添加、标签标识等方面。
2）加强监督检查和抽检监测：重点检查企业是否超许可范围生产、是否非法添加等。
3）严厉查处违法违规行为：对检查和抽检中发现的问题依法处置。

5.3.6 保健食品安全风险分析与治理

5.3.6.1 风险来源

1）非法添加药品：在保健食品中非法添加药品。
2）虚假宣传：夸大产品功效，误导消费者。
3）欺诈销售：利用会议营销等方式欺诈销售。
4）标签与说明书不一致：与注册备案内容不符。

5.3.6.2 治理措施

1）落实企业食品安全主体责任：杜绝非法添加、虚假宣传和欺诈销售。

2）加强监督检查：严格审查产品配方、原料来源和生产工艺。

5.3.7 特殊医学用途配方食品安全风险分析与治理

5.3.7.1 特殊医学用途配方食品安全风险来源

（1）食品生产方面

1）原材料把关不严：部分生产企业可能在原材料采购环节出现疏忽，未能严格筛选合格的原材料，导致产品质量从源头就存在隐患。

2）生产流程不规范：特殊医学用途配方食品生产工艺复杂，技术要求高，若企业在生产过程中未能严格遵守操作规程，可能导致产品营养成分不达标，甚至存在有害物质残留。

3）质量控制体系不完善：缺乏完善的质量控制体系，无法有效监控产品质量，增加了产品不合格的风险。

4）非法生产经营：部分未取得特殊医学用途配方食品注册的企业，以饮料（固体饮料）等形式非法生产经营，严重扰乱市场秩序，危害消费者健康。

（2）食品经营方面

1）假冒伪劣：不法商家仿冒知名品牌的特殊医学用途配方食品，或以普通食品冒充特殊医学用途配方食品进行虚假、夸大宣传并销售，这些产品往往无法满足患者的特殊营养需求，甚至可能对患者的健康造成严重危害。

2）夸大宣传：一些销售商为了追求利益，对特殊医学用途配方食品的功效进行夸大宣传，误导消费者。

5.3.7.2 特殊医学用途配方食品安全风险治理

（1）提高企业的主体责任意识

生产企业应加强自律，严格遵守相关法律法规和标准，建立完善的质量管理体系，从原材料采购、生产加工、检验检测到产品销售，全过程保障产品质量和安全。经营企业应依法依规经营，不虚假宣传，不夸大宣传。

（2）加强监督管理

监管部门应增加相关企业日常检查和飞行检查的频次，严格审查企业的生产资质、生产条件和质量控制体系，确保产品符合国家标准和注册要求。同时，建立健全食品安全追溯体系，确保特殊医学用途配方食品的来源可追溯、去向可查证、责任可追究。

（3）鼓励公众积极参与

建立健全社会监督机制，鼓励公众积极参与监督，畅通投诉举报渠道，对违法违规行为进行及时曝光和严厉惩处，形成全社会共同关注和维护特殊医学用途配方食品安全的良好氛围。同时，加强消费者教育，通过多种渠道向消费者普及特殊医学用途配方食品的相关知识，提高消费者的辨别能力和自我保护意识。

5.3.8 婴幼儿配方食品安全风险分析与治理

5.3.8.1 婴幼儿配方食品安全风险来源

（1）原材料污染

奶源、添加剂等原材料可能受到农药残留、重金属污染、微生物超标等问题的影响，从而威胁到婴幼儿的健康。

（2）生产过程违规

部分生产企业在生产过程中未能严格遵循卫生标准和生产规范，可能导致交叉污染、加工不当等情况。例如，生产设备未定期清洗消毒、生产环境不卫生等。

（3）假冒伪劣产品泛滥

市场上存在一些假冒伪劣的婴幼儿配方食品，以次充好，其成分和质量无法得到保障。这些产品可能含有有害物质或营养成分不达标，对婴幼儿的健康造成危害。

（4）营养成分不达标

某些产品的营养成分含量未能达到国家标准，如蛋白质、脂肪、维生素、矿物质等关键营养素含量不足或超标，可能影响婴幼儿的正常生长发育。

5.3.8.2 婴幼儿配方食品安全风险治理

（1）加强原材料监管

建立严格的原材料采购和检测制度，确保奶源、添加剂等原材料的质量和安全性。加强对供应商的审核和管理，确保原材料来源可靠、质量稳定。

（2）规范生产流程

加大对生产企业的监管力度，要求其严格按照国家标准和规范进行生产，加强生产过程中的质量控制。定期对生产设备进行清洗消毒和维护保养，确保生产环境整洁卫生。

（3）严厉打击假冒伪劣

加强市场监管，加大对假冒伪劣产品的打击力度。建立健全婴幼儿配方食品追溯体系，确保产品来源可追溯、去向可查证。对违法违规行为进行严厉惩处，提高违法成本。

（4）完善检测标准和体系

不断更新和完善婴幼儿配方食品的营养成分检测标准，建立全面、科学的检测体系。加强对婴幼儿配方食品的监督抽检和风险监测工作，及时发现和处理存在安全问题的产品。

5.3.9 食品添加剂安全风险分析与治理

5.3.9.1 风险来源

（1）超范围、超限量使用

部分食品生产者为了改善食品的感官品质或延长保质期，可能会超范围、超限量使用食品添加剂。这些行为可能导致食品中的添加剂含量过高，对人体健康造成潜在危害。

（2）非法添加

一些不法商家为了追求利益最大化，可能会在食品中非法添加非食用物质或禁用添加剂。这些物质可能对人体健康造成严重危害，甚至危及生命。

5.3.9.2 治理措施

食品添加剂的治理是一个持续的过程，需要监管部门、生产企业、消费者等多方面的共同努力，通过加强监管、提升标准、强化培训等措施，确保食品添加剂的安全使用，保障公众健康。

5.3.10 预制菜安全风险分析与治理

预制菜是指经过预先加工、包装、冷藏或冷冻等处理，供消费者直接加热或简单烹饪后食用的食品。随着生活节奏的加快，预制菜市场需求日益增长，但其安全风险也不容忽视。

5.3.10.1 预制菜安全风险来源

（1）原材料质量不稳定

预制菜的原材料种类繁多，包括蔬菜、肉类、海鲜等，这些原材料在种植、养殖、捕捞及运输过程中可能会受到污染，导致农药残留、兽药残留、重金属超标等问题。

（2）加工过程不规范

预制菜在生产加工过程中，如果操作不规范，如温度控制不当、时间不足、添加剂使用过量等，都可能影响产品的质量和安全。

（3）贮藏与运输问题

预制菜通常需要冷藏或冷冻贮藏，如果贮藏和运输条件不达标，如温度波动大、包装破损等，都可能导致食品变质。

5.3.10.2 预制菜安全风险治理

（1）严格原材料管理

建立严格的原材料采购和验收制度，确保原材料的质量和安全。对原材料进行定期检测，确保符合相关标准和要求。

（2）规范生产加工

制定预制菜生产加工的标准和规范，要求生产企业严格按照标准进行操作。加强对生产过程的监管，确保温度、时间、添加剂使用等关键环节符合要求。

（3）完善贮藏与运输体系

建立冷链物流体系，确保预制菜在贮藏和运输过程中得到有效的温度控制。加强对包装材料的质量检测，防止包装破损导致食品污染。

（4）加强市场监管

监管部门应加强对预制菜市场的监管力度，定期开展监督检查和抽检监测，及时发现和处理问题产品。

5.3.11 学校食堂安全风险分析与治理

学校食堂是为学生提供餐饮服务的重要场所，其食品安全直接关系到学生的身体健康。

5.3.11.1 学校食堂安全风险来源

（1）原材料采购问题

学校食堂在采购原材料时，如果采购渠道不正规，或未对原材料进行严格验收，可能导致原材料质量不合格。

（2）加工过程不规范

学校食堂在加工食品时，如果操作不规范，如生熟不分、交叉污染等，都可能导致食品变质或引发食源性疾病。

（3）贮藏与留样问题

学校食堂在贮藏食品时，如果温度控制不当或贮藏时间过长，都可能导致食品变质。同时，未按规定进行食品留样，一旦发生食品安全事故，将无法追溯原因。

5.3.11.2 学校食堂安全风险治理

（1）加强原材料管理

学校食堂应建立严格的原材料采购和验收制度，确保原材料的质量和安全。选择正规渠道采购原材料，并对原材料进行定期检测。

（2）规范加工过程

学校食堂应制定食品加工的标准和规范，要求工作人员严格按照标准进行操作。加强对加工过程的监管，确保生熟分开、避免交叉污染。

（3）完善贮藏与留样制度

学校食堂应建立科学的贮藏制度，确保食品在贮藏过程中的温度控制。同时，按规定进行食品留样，以便在发生食品安全事故时能够追溯原因。

（4）加强人员培训

定期对学校食堂工作人员进行食品安全知识培训，提高其食品安全意识和操作技能。确保工作人员能够熟练掌握食品加工、贮藏、留样等环节的规范要求。

5.4 食品消费环节安全风险分析与治理

"民以食为天，食以安为先"，食品安全是关系到人民群众身体健康和生命安全的重大问题。在食品从生产到消费的全过程中，消费环节是最终的环节，也是直接影响消费者健康的关键环节，因此，消费安全是食品安全的最后一公里。然而，当前食品消费环节由于认知水平、信息不对称等因素，仍然存在着诸多安全风险，给消费者带来了潜在的威胁。

5.4.1 食品消费环节的安全风险来源

（1）食品贮藏不当

消费者在购买食品后，若贮藏条件不符合要求，如温度过高、湿度过大等，容易导致食品变质、滋生细菌和霉菌。例如，生鲜食品未及时冷藏，容易滋生致病菌；干货食品受潮，可能会发生霉变。

（2）食品加工过程中的污染

在家中或餐饮场所进行食品加工时，如果操作不规范、卫生条件差，容易引入污染物。例如，未洗净的炊具、餐具，未煮熟的食物，交叉污染等，都可能使食品受到细菌、病毒等的污染。

（3）误食有毒有害食品

消费者对食品的认知不足，可能会误食一些看似正常但实际上含有有毒有害物质的食品。例如，误采误食野生毒蘑菇、误食发芽的土豆等。

5.4.2 食品消费环节的安全风险治理

（1）加强食品安全教育

通过多种渠道和形式，向消费者普及食品安全知识，提高消费者的食品安全意识和自我保护能力。例如，开展食品安全宣传周活动，利用社交媒体进行食品安全知识普及，在学校和社区开设食品安全课程等。

（2）强化食品安全全链条监管

政府监管部门应从食用农产品种植养殖和食品生产、贮存、运输、寄递和配送、销售、消费等全链条加强监管力度，加大对食品安全违法行为的处罚力度，以确保提供给消费者的食品安全可靠，降低消费环节的安全风险。

（3）鼓励公众参与监督

建立食品安全投诉举报奖励制度，鼓励公众积极参与食品安全监督，对发现的食品安全问题及时进行举报，形成社会共治的良好氛围。

参 考 文 献

陈君石. 2009. 风险评估在食品安全监管中的作用. 农业质量标准，（3）：4-8.

国家市场监管总局，教育部，工业和信息化部，等. 2024. 关于加强预制菜食品安全监管 促进产业高质量发展的通知：国市监食生发〔2024〕27 号.（2024-03-18）[2025-05-20]. https://www.gov.cn/zhengce/zhengceku/202403/content_6940808.htm.

国家市场监管总局办公厅. 2024. 市场监管总局办公厅关于指导食品生产经营企业完善《食品安全风险管控清单》的通知：市监食协发〔2024〕35 号.（2024-05-22）[2025-05-20]. https://www.gov.cn/zhengce/zhengceku/202406/content_6955731.htm.

国家质量监督检验检疫总局，国家标准化管理委员会. 2015. 中华人民共和国国家标准 饮料通则：GBT 10789-2015. 北京：中国标准出版社.

河南省人民政府食品安全委员会办公室，河南省市场监督管理局. 2020. 河南省农村集体聚餐食品安全风险防控指导规范：豫政食安办〔2020〕16 号.（2020-07-21）[2025-05-20]. https://scjg.henan.gov.cn/2020/07-22/1743906.html.

李祥洲，钱永忠，邓玉，等. 2016. 2015—2016 年我国农产品质量安全网络舆情分析及预测. 农产品质量与安全，（1）：8-14.

柳国华. 2022. 食用农产品质量安全风险分析及监管建议. 食品安全质量检测学报，13（7）：2308-2316.

汪霞丽，张丽，常晓途. 2024. 食品安全风险评估及其在农药残留上的应用. 中国食品工业，（7）：119-121.

杨娜莉. 2024. 网络餐饮食品安全风险及对策. 保鲜与加工，24（6）：96-101.

于甜，谢芳，古志华. 2023. 湿米粉食品安全风险及其质量控制措施. 食品安全导刊，（20）：49-51，55.

6 食品安全事故应急处置的总体要求

随着社会经济的发展和技术的进步,食品安全风险治理体系也经历了从食品卫生管理体制向食品安全监管体制,再向现代化治理体制的深刻转变,自2010年10月国家公布修订食品安全事故应急预案、重大食品安全事故应急预案起,部分省市地方政府也陆续组织对各级食品安全事故应急预案进行修订,食品安全事故应急处置体系逐步完善和成熟。本章从食品安全事故的概念、分级和响应标准,应急预案与演练,应急处置原则,应急处置指挥体系和职责分工等方面进行讲述。

【案例导入】

2010年,中国发生了多起食品安全事故,引起了广泛关注。证据显示,2010年前5个月,全国共发生了108起食物中毒事故,导致2452人中毒,56人死亡。这些事故严重危害了消费者的健康和生命安全。在应对这些食品安全事故的过程中,国家采取了一系列措施。例如,国务院成立了国务院食品安全委员会办公室,以统筹指导食品安全工作,并决定对食品安全实施系统性治理。

【学习目标】

掌握食品安全事故的概念、分级和响应标准。

掌握食品安全应急事故预案与演练方法。

6.1 食品安全事故的概念、分级和响应标准

6.1.1 食品安全事故的概念

《中华人民共和国食品安全法(2015年修订)》第十章第一百五十条第十款规定,"食品安全事故,指食源性疾病、食品污染等源于食品,对人体健康有危害或者可能有危害的事故。"同一条第九款规定,"食源性疾病,指食品中致病因素进入人体引起的感染性、中毒性等疾病,包括食物中毒。"从定义看,判断一起事件为食品安全事故应满足以下三点要求:一是要源于食品,或以食品作为媒介;二是应成为事故,即满足事故突然发生、需紧急控制的基本特点和属性;三是带来一定的社会影响。

6.1.2 食品安全事故的分级和响应标准

6.1.2.1 国家层面食品安全事故的分级和响应标准

我国食品安全事故应急管理体系采用4级分类标准,依据《国家食品安全事故应急预案》(2011年修订版)将食品安全事故划分为特别重大(Ⅰ级)、重大(Ⅱ级)、较大(Ⅲ级)和一般(Ⅳ级)4个等级。该分级体系与应急响应级别实施严格对应原则:特别重大食品安全事故需报国务院批准后启动Ⅰ级响应,并立即成立国家级应急指挥部进行统筹处

置；重大、较大和一般事故则分别由省、市、县级人民政府启动相应级别响应，组建地方应急处置指挥机构。为强化跨区域协同，预案特别规定上级政府可根据事态发展派出工作组提供技术指导与资源支持。

值得注意的是，2011版预案在事故分级量化标准方面存在一定局限性。为此，国家食品药品监督管理总局于2013年8月发布《食品药品安全事件防范应对规程（试行）》，首次从危害程度、影响范围、伤亡人数等多个维度建立了可操作性的分级指标体系（详见表6-1）。该规程创新性地引入了动态评估机制，要求响应级别应随事故发展态势进行实时调整，体现了"分级负责、属地管理、科学研判"的现代应急管理理念。在实践层面，该标准通过明确伤亡人数阈值（如Ⅰ级事故需达到死亡10人以上）、跨省影响范围等关键参数，为基层监管部门提供了精准的决策依据，有效解决了以往因标准模糊导致的响应滞后问题。当前，该分级体系已与食品安全风险监测预警系统实现数据联动，为构建"预防-响应-恢复"的全周期应急管理模式奠定了制度基础。

表6-1　食品安全事故分级标准和响应级别规定

级别	标准	响应级别
特别重大食品安全事故	1）事故危害特别严重，对2个以上省份造成严重威胁，并有进一步扩散趋势的。 2）超出事发地省级人民政府处置能力水平的。 3）发生跨境（包括港澳台地区）食品安全事故，造成特别严重的社会影响的。 4）国务院认为需要由国务院或国务院授权有关部门负责处置的。	国务院启动Ⅰ级响应
重大食品安全事故	1）事故危害严重，影响范围涉及省内2个以上设区市级行政区域的。 2）1起食物中毒事故中毒人数100人以上，并出现死亡病例的。 3）1起食物中毒事故造成10例以上死亡病例的。 4）省级人民政府认定的重大食品安全事故。	省级人民政府启动Ⅱ级响应
较大食品安全事故	1）事故影响范围涉及设区市级行政区域内2个以上的县级行政区域，给人民群众饮食安全带来严重危害的。 2）1起食物中毒事故中毒人数在100人以上，或出现死亡病例的。 3）市（地）级以上人民政府认定的其他较大食品安全事故。	市级人民政府启动Ⅲ级响应
一般食品安全事故	1）食品污染已造成严重健康损害后果的。 2）1起食物中毒事故中毒人数在99人以下，且未出现死亡病例的。 3）县级以上人民政府认定的其他一般食品安全事故。	县级人民政府启动Ⅳ级响应

注：引自国家食品药品监督管理总局《食品药品安全事件防范应对规程（试行）》（食药监应急〔2013〕128号）

前文提及的《国家食品安全事故应急预案》《食品药品安全事件防范应对规程（试行）》印发至今已有十余年，其间，我国食品安全监管体制和机构均发生了重大的调整和变化。自2018年3月起，食品安全事故调查处置和监督管理职能就由新组建成立的国家市场监督管理总局负责。而与其相对应的国家和总局层面均未重新制定印发食品安全事故相应预案或分级标准，十余年前的文件显然已不能完全适用于指导当前的食品安全事故调查处置。

6.1.2.2　地方层面食品安全事故的分级和响应标准

2019年，国家市场监督管理总局开始组织对《国家食品安全事故应急预案》进行修订，并形成《国家食品安全事故应急预案（征求意见稿）》（以下简称国家征求意见稿）发各地征求意见。其中国家征求意见稿对分级标准和启动应急响应标准方面作了重大的修订，其中最大的调整是将一般食品安全事故分级标准中的病例人数，由"99人以下"调整为"30人以上、99人以下"。虽然截至目前，《国家食品安全事故应急预案》仍未重新正式修订印发，但国家征求意见稿中的这一调整也是释放了一种信号。

一方面，《国家食品安全事故应急预案》（2011年修订）规定，"1起食物中毒事故中毒人数在99人以下，且未出现死亡病例的"为一般食品安全事故。对于中毒人数只有上限规定，没有下限规定，这意味着，只要发生食物中毒事件，哪怕是只有1人，都属于一般食品安全事故，按规定都要启动应急响应程序。而在实际工作中，很多轻微食品安全事故都能得到快速妥善处置，如每次轻微事故的处置都要履行启动应急响应的工作程序，不仅不利于高效处置，也不尽科学。另一方面，在《国家突发公共卫生事件应急预案》对涉及食物中毒的突发公共卫生事件分级标准中，也明确了"一次食物、饮用水中毒人数30~99人，未出现死亡病例"为一般突发公共卫生事件（Ⅳ级），两部预案对事故的分级标准也缺乏统一性。

根据国家征求意见稿，自2020年开始，部分地方政府也陆续组织对各级食品安全事故应急预案进行修订，其中江西省、江苏省、浙江省、四川省、陕西省、河北省、上海市、天津市等修订并印发了本级食品安全事故应急预案。预案中对于一般食品安全事故的分级标准中的病例人数均调整为"30人（含）以上99人（含）以下，且未出现死亡病例的"，同时，对未达到省级应急响应的情形予以规范，增加和明确了食品安全事故病例为29人及以下时所必须采取的处置措施。

由于《国家食品安全事故应急预案》仍未重新正式修订印发，部分省份，如广东省、贵州省等仍未修订印发本级预案，也有少数省份，如湖南省将一般食品安全事故分级标准中的病例人数调整为"10人（含）以上99人（含）以下"。总的来说，各地食品安全事故应急预案中对一般食品安全事故的分级标准与国家征求意见稿保持一致。

6.2 食品安全事故应急预案与演练

6.2.1 食品安全事故应急预案

6.2.1.1 定义

根据国务院办公厅关于印发《突发事件应急预案管理办法》的通知（国办发〔2024〕5号）规定，应急预案是指各级人民政府及其部门、基层组织、企事业单位和社会组织等为依法、迅速、科学、有序应对突发事件，最大程度减少突发事件及其造成的损害而预先制定的方案。应急预案是在对突发事件进行风险辨识、评估，调查应急资源等工作的基础上，针对各种已知因素可能引发的突发事件或不可预料的突发事件，为减少损害，控制事态，消除影响，防止发生次生、衍生事件，而对应急组织机构与职责、人员、技术、装备、设施（备）、物资、救援行动及其指挥与协调等方面预先做出的具体计划和安排，重点明确突发事件事前预警、事发响应、事中处置、事后恢复的工作职责和程序，解决谁来做、做什么、怎么做、何时做、用什么资源做等问题。

食品安全事故应急预案则是为应对食品安全突发事件或事故而预先制定的方案。本节主要讨论各级人民政府及其部门制定的食品安全事故应急预案。政府及其部门应急预案原则上至少每三年修订一次。有关法律法规对应急预案修订周期另有规定的，从其规定。

6.2.1.2 编制目的

建立健全食品安全事故应对机制，有效预防和科学处置食品安全事故，最大限度减少食品安全事故危害，保障公众健康与生命安全，维护正常经济社会秩序。

6.2.1.3 编制依据

食品安全事故应急预案主要依据《中华人民共和国突发事件应对法》《中华人民共和国食品安全法》《中华人民共和国农产品质量安全法》《中华人民共和国食品安全法实施条例》《突发公共卫生事件应急条例》和《国家突发公共事件总体应急预案》等法律法规和规定来制定，地方各级的食品安全事故应急预案还要综合考虑地方性法规、部门规章、相关规定及地区食品安全监管实际等来制定。

6.2.1.4 预案特点

我国现行食品安全应急预案体系呈现出"金字塔式"的立体化架构特征，其顶层设计以《突发事件应急预案管理办法》（国办发〔2024〕5号）为统领性文件，中层架构以《国家食品安全事故应急预案》（2011年修订）为核心支撑，基层延伸至各级地方政府及监管部门制定的配套实施方案。这一体系具有三个显著特点：其一，系统规范性，通过明确定义食品安全事故的界定标准、四级分类体系、响应流程和权责划分，实现了应急管理的标准化运作；其二，全流程覆盖性，从预防监测、预警报告到应急处置、后期评估，形成了PDCA（计划-执行-检查-改进）闭环管理机制；其三，协同联动性，采用"指挥部+工作组"的矩阵式管理模式，其中指挥部作为决策中枢由多部门联合组建，办公室负责统筹协调，各成员单位依据"三定方案"（定职能、定机构、定编制）开展专业处置。值得注意的是，该体系特别强调能力建设，通过强制性的应急演练（每2年至少开展1次）、专业培训（覆盖率达100%）和公众宣教（纳入普法教育）等制度设计，持续提升预案的可操作性和实战效能，充分体现了"平战结合、常备不懈"的现代应急管理理念。

6.2.2 食品安全事故应急演练

6.2.2.1 组织部门和方式

食品安全事故应急演练一般由预案编制部门定期组织开展，根据实际情况采取实战演练、桌面演练等方式。

6.2.2.2 演练周期

从各级的食品安全事故应急预案规定来看，一般要求每2年至少要开展一次应急演练。如预案发生重大调整，需及时按照新的预案开展演练。

6.2.2.3 主要作用

应急演练的主要作用一方面是检验和强化应急准备和应急响应能力，另一方面通过对演练过程进行总结评估，可以及时总结分析应急预案的适用情况，检验应急预案内容的针对性、实用性和可操作性等，并根据评估情况提出修订应急预案意见，实现应急预案的动态更新优化。

6.2.3 食品安全事故应急处置措施

食品安全事故应急处置是一个多部门协同、多环节联动的系统工程，需要根据事故性质、危害程度和发展态势，采取科学、规范、高效的应对措施。具体实施应重点把握以下关键环节。

（1）医疗救治体系构建

卫生行政部门应当立即启动医疗应急响应机制，建立分级诊疗网络：基层医疗机构负责初筛和轻症处置，区域医疗中心集中收治重症患者，必要时启动远程会诊和专家支援机制。同时建立病例动态监测系统，实时追踪患者健康状况变化，确保"一人一策"精准施治。特别要注重敏感人群（如婴幼儿、孕产妇、老年人）的特殊医疗保护。

（2）流行病学调查机制

疾病预防控制机构应当运用现代流行病学方法，采用病列对照研究、队列研究等科学设计，通过时空聚类分析、危险因素追踪等技术手段，快速锁定致病因子和传播途径。建立跨部门数据共享平台，整合医疗机构、市场监管部门、公安部门的信息，实现流调工作的精准化和高效化。

（3）现场控制与溯源管理

食品安全监管部门应当依法采取"四步管控法"：第一步，立即控制涉事场所和产品，防止危害扩散；第二步，开展全过程溯源调查，建立从餐桌到农田的完整证据链；第三步，实施风险评估，科学确定危害范围和程度；第四步，依法采取召回、销毁等措施，并监督整改过程。要特别注重运用快速检测技术和电子追溯系统提升处置效率。

（4）实验室应急检测网络

建立"三级联检"机制：初筛采用现场快速检测，复核由区域重点实验室完成，确证由国家参考实验室负责。对新型未知风险物质，应当启动非靶向筛查技术。检测过程要严格遵循质量控制规范，确保数据准确可靠。对涉嫌犯罪的，公安机关应当同步开展刑事侦查，固定电子证据和物证。

（5）风险沟通与舆情引导

建立统一的信息发布机制，遵循"及时、准确、透明"原则，通过多平台发布事故进展和防控建议。要组织专家做好风险解读，防止谣言传播。同时建立舆情监测系统，及时回应社会关切，维护社会稳定。特别要注重对特殊人群（如学生家长、慢性病患者等）的定向风险沟通。

上述措施应当有机衔接、协同推进，形成"监测-预警-处置-反馈"的闭环管理系统。在实施过程中，要注重运用大数据、人工智能等现代技术手段，提升应急处置的智能化水平。同时要建立事后评估机制，不断完善应急预案和处置流程。

6.3 食品安全事故应急处置原则

食品安全应急处置的主要目的是有效预防、及时控制和减少食品安全事故的危害，确保食品安全事故处置工作合理、有序和高效，最大限度地保障人民群众身体健康与生命安全，维护正常的社会秩序。食品安全应急处置工作应该遵循以下基本原则。

(1) 以人为本，减少危害

在食品安全应急处置过程中，必须把保障公众健康和生命安全作为应急处置的首要任务，坚持人民至上、生命至上，切实维护群众利益，采取有效措施最大限度减少食品安全事故及其造成的人员伤亡和健康损害。

(2) 统一领导，分级负责

食品安全应急处置工作必须坚持各级党委和政府的统一领导，努力健全完善统一指挥、专常兼备、反应灵敏、上下联动的食品安全应急管理体制和综合协调、分类管理、分级负责、属地管理为主的工作体系。严格落实各级政府、企业和相关部门的责任，根据食品安全事故严重程度分级组织应对工作。

(3) 居安思危，预防为主

食品安全应急工作中要有忧患意识和风险意识，坚持预防与应急相结合，常态与非常态相结合，做好应急准备，落实各项防范措施，防患于未然。健全食品安全日常监管制度，加强食品安全风险监测、评估和预警；加强宣教培训，增强公众自我防范和应对食品安全事故的意识和能力。

(4) 依靠科技，规范处置

食品安全应急处置应该积极引入先进的科学技术，加强信息化建设，有效使用食品安全风险监测、评估和预警等科学手段，充分发挥专业队伍的作用，确保食品安全应急处置的合理性和科学性。应依照有关法律法规和制度，明确食品安全应急的责任、程序和要求，促进食品安全应急处置工作的规范性、制度化和法治化。

(5) 快速响应，部门联动

食品安全事故具有突发性和广泛性，如不及时采取行动可能会造成严重公众健康损害及不良社会影响。因此食品安全应急处置需要迅速做出判断和反应，及时启动应急预案，高效开展应急处置。食品安全应急处置涉及众多部门，应该建立起有效的食品安全联防联控机制，搭建信息和资源共享平台，促进市场监管、卫生健康、公安、宣传等部门通力合作，形成合力。

(6) 公开透明，及时反馈

及时发布权威信息对于食品安全应急处置至关重要。发生食品安全事故时，政府和相关部门应该第一时间采取有效的方式告知公众停止食用相关食品，并针对媒体和公众关心的问题及时回应，确保食品安全应急处置相关信息公开透明，正确引导舆论，消除媒体和公众的疑虑。食品安全应急处置工作结束之后，应该认真分析事件发生的原因和影响因素，反思处置过程存在的不足，并提出类似事故的防范和处置建议。

6.4 食品安全事故应急处置指挥体系和职责分工

6.4.1 食品安全事故应急处置指挥体系

6.4.1.1 指挥部

食品安全事故应急处置指挥体系包括各级食品安全事故应急处置指挥机构及其办公室。食品安全事故发生后，根据事故级别由县级以上人民政府组织成立相应应急指挥部作为指挥机构，统一组织开展本行政区域的事故应急处置工作。指挥部成员单位根据事故的性质和应急处置工作的需要确定，主要包括卫生健康、农业农村、商务、市场监管、教育、宣传、公安、民政、财政、文化和旅游、交通运输、生态环境、工业和信息化、海关、食品安全委员会办公室等部门及相关行业协会组织。由市场监管、卫生健康、食品安全委员会办公室等有关部门人员组成指挥部办公室，负责承担食品安全应急指挥部的日常工作。

6.4.1.2 指挥部专项工作组

食品安全事故应急指挥部下设的专项工作组体系，是基于我国多年应急管理实践经验形成的科学化、专业化组织架构。各工作组按照"专业分工、协同联动"的原则开展应急处置工作，构建了全方位、立体化的应急响应网络。

（1）事故调查组

由市场监管部门作为牵头单位，整合卫生健康部门的流行病学调查力量、公安机关的刑事侦查能力及农业农村部门的源头追溯技术，形成"四位一体"的调查机制。该组采用现代溯源技术（如区块链追溯系统）和法证科学方法，重点查明事故发生的直接原因、间接原因和系统性风险。同时建立责任倒查机制，对监管失职行为由纪检监察机关介入调查，涉嫌犯罪的移送司法机关处理，实现行政问责与刑事追责的无缝衔接。

（2）危害控制组

按照"环节监管"原则，由涉事环节的直接监管部门（如生产环节由生产监管部门、流通环节由流通监管部门）牵头负责。该组实施"三步控制法"：第一步采取紧急控制措施（封存、下架等）；第二步开展系统性排查（上下游追溯）；第三步实施整改验收。特别要建立控制效果评估机制，确保危害完全消除。

（3）医疗救治组

卫生健康部门牵头组建多学科医疗救治团队，建立"三级诊疗"体系：基层医疗机构负责初筛分类，在定点医院集中救治，专家组提供远程会诊支持。同时建立病例动态监测数据库，实现治疗效果实时评估和救治方案动态调整。

（4）检测评估组

采用"双盲检测"质量控制方法，组织国家级、省级、市级检测机构开展平行实验。运用大数据分析技术整合检测数据，建立风险评估模型，预测事故发展趋势。该组特别注重检测方法的标准化和数据的可比性。

（5）维护稳定组

公安机关建立"线上线下"双重防控机制：线下加强重点场所巡逻防控，线上开展网络舆情巡查。在依法打击造谣传谣行为的同时，注重保护消费者合法权益，维护正常市场秩序。

（6）新闻宣传组

实施"统一口径、分层发布"的信息公开机制：指挥部统一发布核心信息，专业部门解读技术细节，基层单位做好社区宣传。建立舆情分级响应制度，及时澄清不实信息。

（7）专家咨询组

组建跨学科专家库（涵盖食品科学、临床医学、毒理学等领域），采用"决策支持系统"为指挥部提供科学依据。专家意见实行"署名负责制"，确保建议的专业性和可追溯性。

各工作组实行"日报告、周调度"的工作机制，重大事项随时报告。指挥部办公室建立工作台账，实施清单化管理，确保各项处置措施落实到位。这种组织架构既保证了专业处置的深度，又实现了整体联动的广度，是我国食品安全应急管理体系的重要制度创新。

6.4.2 食品安全事故应急处置职责分工

食品安全事故发生后，根据《中华人民共和国食品安全法》等有关法律法规及各级《食品安全事故应急预案》的规定，事故发生单位、医疗救治单位、事故发生地县级以上人民政府要立即采取处置措施，防止事故扩大。对于食源性疾病中涉及传染病疫情的，应按照《中华人民共和国传染病防治法》《突发公共卫生事件应急条例》等相关规定进行处置。

结合有关法律法规及规范性文件，对食品安全事故有关的责任方在事故应急处置中的职责概述如下。

6.4.2.1 事故发生单位

事故发生单位包括因事故而出现的疾病病例所在单位，如工厂、学校、托幼机构和企事业单位等集体单位，以及导致事故发生的单位，如食品生产加工单位、经营单位、销售单位等。发生食品安全事故后，不管是哪一类单位发生事故，都有责任立即采取措施，防止事故扩大。

1）食品生产经营企业要及时履行在事前制定的食品安全事故处置方案的责任，定期检查企业各项食品安全防范措施的落实情况，及时消除事故隐患。

2）在事故发生后，要按照"以人为本"的原则，尽快组织事故所致疾病病例的医疗救治，同时将事故发生情况及时、如实报告所在地县级以上人民政府食品监督管理部门及卫生行政部门。

3）如事故由本单位集体供应的食物所致，则还需要配合有关调查部门对导致或者可能导致事故的食品及其原料、工用具、设备和现场进行封存。导致事故发生的单位有责任对可能产生问题食品的生产经营活动进行合法有效控制，一方面要立即停止生产经营活动，另一方面要组织对可能的问题食品实施召回。

6.4.2.2 医疗救治单位

医疗救治单位通常为医疗机构，在食品安全事故中需要承担的职责主要包括：①发现接收患者属于食源性疾病患者或疑似患者的，按照有关规定及时将相关信息向所在地县级人民政府卫生行政部门报告；②为事故所致疾病患者提供医疗救治；③详细询问事故所致疾病患者病史，记录发病时间，做好完整的病历记录，配合事故调查部门调查；④保存好事故所致疾病病例的血清、呕吐物、排泄物等临床标本，以备必要时进行检查。

在食品安全事故的处置中，医疗救治单位能够提供的往往不止是对事故所致疾病患者进行救治，还能为事故的调查处理工作提供重要线索。

6.4.2.3 政府及有关部门

基于《中华人民共和国食品安全法》第一百零五条的法定要求，我国建立了层级分明、部门协同的食品安全事故应急处置组织体系。该体系以"属地管理、分级负责"为基本原则，根据事故性质、危害程度和发展态势，由相应层级人民政府启动应急响应，成立由多部门组成的食品安全事故应急处置指挥机构。这一指挥机构采用"1+X"组织模式,即以食品安全委员会办公室为协调中枢,整合宣传、网信、市场监管等核心部门,形成跨部门协同治理网络。各成员单位的职责分工既体现专业特性,又强调系统联动,共同构建了从源头到餐桌的全链条应急响应机制。

(1) 综合协调部门职责

1) 宣传部门:建立"三统一"宣传机制(统一口径、统一渠道、统一发布),制定舆情应对分级响应预案,组织权威专家解读技术问题。特别要加强对新媒体平台的舆情监测,确保信息发布的及时性和准确性。

2) 网信部门:运用大数据技术分析舆情热点,为决策提供数据支持。

3) 食品安全委员会办公室:作为指挥部的常设办事机构,负责建立应急值守制度,完善预案体系,组织跨部门应急演练(每 2 年至少组织一次)。建立工作台账,实施清单化管理,确保各项措施落实到位。

(2) 专业监管部门职责

1) 市场监管部门:实施"四查一处置"工作法,查产品流向、查生产经营条件、查管理制度执行、查主体责任落实,依法采取控制措施。建立食品生产经营者信用档案,将处置结果纳入信用评价体系。

2) 卫生健康部门:构建"三位一体"医疗救治网络(预检分诊、定点收治、专家会诊),建立病例信息共享平台。疾病预防控制机构运用分子流行病学等现代技术开展溯源分析,提高流调精准度。

3) 农业农村部门:重点加强农业投入品监管,建立农产品质量安全追溯体系。对问题农产品实施"追溯+召回"双机制,确保问题产品100%下架。

(3) 重点领域监管部门职责

1) 发展改革部门:建立政策性粮食质量安全监测预警机制,完善粮食储备轮换管理制度。对问题粮食实施"双封存"(封存实物、封存档案),防止二次流通。

2) 教育行政部门:推行学校食品安全"校长负责制",建立陪餐制度和家长监督机制。每学期组织食品安全应急演练,提高师生防范意识。

3) 公安部门:建立"行刑衔接"快速通道,对涉嫌犯罪案件提前介入调查。运用现代侦查技术固定电子证据,提高办案效率。

(4) 协同工作机制

各成员单位通过以下机制实现高效协同。

1) 信息共享机制:建立食品安全应急处置指挥信息平台,实现检测数据、病例信息、产品流向等关键数据的实时共享。

2) 联合执法机制:针对跨区域、跨环节的复杂案件,组建联合执法专班,开展"穿透式"监管。

3) 专家会商机制:成立由各领域专家组成的顾问团队,为重大决策提供技术支持。

4) 督查问责机制:纪检监察机关全程监督处置过程,对失职渎职行为严肃追责。

该体系在实践中展现出了三个显著特点:一是体现了"从农田到餐桌"的全过程监管理念;二是构建了行政监管与技术支撑相结合的工作模式;三是形成了政府主导、部门协同、社会参与的多方共治格局。随着数字政府建设的推进,各部门正通过"互联网+监管"

等手段提升协同效率,推动食品安全应急管理向智慧化方向发展。未来还需在跨区域协同、新业态监管等方面进一步完善机制设计,持续提升应急处置效能。

参 考 文 献

邓泽元,符艳,徐艳钢.2023.食品安全事故应急处置操作指南.北京:中国农业出版社.

房军,张晓.2022.加强应急演练与评估提升突发事件应急处置能力——以云南省重大食品安全事故(Ⅱ级)应急演练评估为例.中国市场监管研究,(1):71-74.

蒋小平,王友水.2020.食品安全事故应急处置.北京:人民卫生出版社.

金武.2019.扬州市疾病预防控制机构食品安全事故应急处置能力现况调查.江苏卫生事业管理,30(4):539-541.

张永慧,吴永宁.2012.食品安全事故应急处置与案例分析.北京:中国标准出版社.

7 食品安全事故应急处置的内容和程序

为确保在食品安全事故发生时能够迅速有效地应对，减少损失并保障公众健康安全，食品安全事故应急处置的内容和程序涵盖了从事故发生到结束的全过程，其不仅能够及时有效地控制和处理突发事故，减少对公众健康的危害，还能通过科学调查和责任追究，提升整体的应急管理和预防能力，从而保障社会的稳定和长远发展。

【案例导入】

为进一步强化校园食品安全应急处置意识和能力，上海市徐汇区举行了2024年校园食品安全事故应急处置示范性演练，演练设定了事故报告及通报、预案启动和工作部署、应急处置和分组调查、事故处置情况通报及舆情应对、应急响应终止和后续处置5个场景的演练。根据上海市徐汇区食品安全事故专项应急预案的有关规定，区食品药品安全委员会办公室模拟事故影响程度开启对应级别响应，牵头成立事故调查与危害控制组、医疗救治组、检测评估组、专家组、维护稳定和安抚疏导组、新闻宣传组6个工作组，分别开展应急处置。

【学习目标】

掌握食品安全事故的信息监测与报告。

掌握食品安全事故的先期处置与响应。

掌握食品安全事故应急响应措施、信息发布、维稳与疏导。

熟悉食品安全事故的舆情处理。

7.1 食品安全事故信息监测与报告

食品安全事故信息的监测，一方面由政府有关部门主动开展风险监测发现，另一方面通过其他责任主体或社会主体主动报告。

7.1.1 风险监测与预警

7.1.1.1 风险监测

按照《中华人民共和国食品安全法》第十四条规定，国家建立食品安全风险监测制度，对食源性疾病、食品污染以及食品中的有害因素进行监测。各级卫生行政部门会同同级食品安全监督管理等部门，负责制定并实施食品安全风险监测方案，建立覆盖食源性疾病、食品污染和食品中有害因素的监测体系。各级食品安全监督管理、卫生行政、农业行政、出入境检验检疫部门及其他有关部门按照职责分工开展日常食品安全监督检查、抽样检验、舆情监测等工作，对广播、电视、报刊、互联网及移动网络等媒体上有关食品安全舆情热点信息进行跟踪监测，对可能导致食品安全事故的风险信息进行收集、分析和研判，当发现食品有安全隐患或问题时,及时向相关部门和地区通报,有关监管部门依法采取有效控制措施。

食品生产经营者、种植养殖从业者依法落实食品安全主体责任,建立健全风险监测防控措施,当出现可能导致食品安全事故的情况时,要立即报告当地食品安全监督管理部门。

7.1.1.2 风险预警

(1) 消费警示与预警

对食源性疾病、食品污染和食品中有害因素的风险监测进行综合评估,结合当地居民生活习惯,如可能误食的有毒有害动植物,以及季节性的各类细菌性、真菌性食源性疾病,发布消费警示。

(2) 预警发布

各级食品安全监督管理部门要根据监测信息、风险评估结果、监督管理信息等,针对发现的苗头性、倾向性食品安全风险可能引发食品安全事故的,经核查、汇总和分析研判后,应当及时向本级人民政府提出预警信息发布建议,同时通报同级相关部门。各级人民政府或其授权的相关部门要根据上级有关部门制定的预警级别划分标准,结合本地实际情况,及时通过监管信息系统、预警信息发布平台和广播、电视、报纸、互联网、手机短信等渠道,向本行政区域内可能波及的食品生产经营者和公众发布预警信息。

7.1.2 信息来源与报告

7.1.2.1 信息来源

上级部门或其他国家和地区通报的食品安全事故信息;上级领导对食品安全事故的批示;上级部门交办或督办的食品安全事故信息;相关部门通报的食品安全事故信息;经核实公众举报或投诉和媒体报道的食品安全事故信息;有关专家经过调查研究提出的食品安全隐患风险报告;日常监督检查和风险监测中发现的食品安全事故信息;属于或可能形成食品安全事故的舆情信息;其他渠道获取的食品安全事故信息等。

7.1.2.2 信息报告

1)报告主体:食品生产经营单位、医疗机构、疾病预防控制机构、食品安全检测技术机构(含第三方食品安全检测机构)、有关社会团体及个人等。

2)报告接受主体:各级食品安全监督管理部门、卫生行政部门。

3)报告的原则和程序:按照"属地管理、分级负责、条块结合"原则,严格落实法律法规、上级文件规定和信息"统一归口管理",按照程序报送要求,及时准确报送突发事故信息。

7.1.2.3 报告内容

食品生产经营单位、医疗机构、疾病预防控制机构、食品安全检测技术机构(含第三方食品安全检测机构)、有关社会团体及个人等报告食品安全事故(含疑似)信息时,应当包括事故发生时间、地点和事故涉及人数,已采取的先期处置措施等基本情况。

各级相关部门首报食品安全事故(含疑似)信息应当包括信息来源、事故发生单位、时间、地点、当前状况、可能涉及范围、涉及人数（含伤亡人数）、先期处置措施、发展趋势等主要信息，以及报告单位、报告时间、报告单位联系人及联系方式等辅助性信息。

根据事故应对情况可进行多次续报，内容主要包括事故进展、发展趋势、后续应对措施、调查详情、原因分析等信息。

7.2 食品安全事故先期处置与应急响应

7.2.1 先期处置

事故的先期处置，也称先行处置、非特异性处置，是在事故应对早期主要采取的最初控制措施，主要包括事故相关疾病患者的医疗救治、与收治事故相关患者的医疗机构建立沟通合作、向社会公众发布具有普适性的健康劝诫等。

具体到食品安全事故，先期处置是指食品安全事件发生后至未明确调查结果前，即还未明确该事件是否为食品安全事故，也未明确事故级别前，事故发生单位、医疗救治单位、政府及有关部门等单位采取的初步控制和处置措施，主要包括及时报告事故信息、及时将相关患者送医救治、协调组织做好患者尤其是危重患者的救治工作、关注同类疾病或开展特定监测、保护控制事故现场、进行现场调查和采样检测等。

7.2.2 应急响应

7.2.2.1 事故评估

各级相关部门、单位应当按有关规定及时向所在地同级食品安全监督管理部门提供相关信息和资料，所在地食品安全监督管理部门会同相关部门和专家组织开展食品安全事故评估，事故评估结果是启动应急响应的依据。评估内容主要包括以下几方面。

1）被污染的食品及其原料可能导致的健康危害及所涉及的范围、是否已造成健康危害后果及严重程度。

2）事故的影响范围及严重程度。

3）事故发展蔓延趋势等。

7.2.2.2 分级应对

初判发生特别重大、重大食品安全事故，原则上由省人民政府负责应对；初判发生较大食品安全事故，原则上由市人民政府负责应对；初判发生一般食品安全事故，原则上由事故所在县级人民政府负责应对。但食品安全事故超出属地人民政府的应对能力时，应及时向上一级人民政府报告。涉及跨市或者超出本市人民政府应对能力时，由市人民政府按程序提请省人民政府支援。涉及两个及以上行政区域的食品安全事故，由有关行政区域共同的上级人民政府负责应对。

7.2.2.3 响应分级

我国食品安全事故应急响应实行科学分级、动态调整的管理模式，根据《国家食品安全事故应急预案》规定，将应急响应划分为4个等级，形成了一套完整的响应体系。

7 食品安全事故应急处置的内容和程序

(1) Ⅰ级响应（特别重大事故响应）

当发生特别重大食品安全事故时，由国务院食品安全委员会办公室组织专家评估并提出建议，报国务院批准后启动国家级Ⅰ级响应。响应启动后，立即成立由国务院领导任总指挥的国家级应急指挥部，实行"五个统一"的工作机制：统一指挥调度、统一信息发布、统一资源配置、统一技术标准、统一督导检查。指挥部下设各专业工作组，按照职责分工开展处置工作。事发地省级政府建立24h值班制度，每2h向指挥部报告处置进展，确保政令畅通、响应迅速。

(2) Ⅱ级响应（重大事故响应）

重大食品安全事故由省级政府启动Ⅱ级响应，建立"三同步"处置机制：同步开展医疗救治、同步控制危害扩散、同步调查事故原因。省级指挥部实行专家会商制度，每日至少召开1次形势分析会，根据事态发展动态调整响应级别。对跨区域事故，建立周边省份协同处置机制，必要时可请求国家层面支援。

(3) Ⅲ级响应（较大事故响应）

地市级政府启动Ⅲ级响应后，重点落实"四早"要求：早发现、早报告、早控制、早处置。省级监管部门建立技术指导专班，通过远程会诊、现场指导等方式提供支持。对学校、养老机构等敏感场所发生的事故，自动提升响应级别。

(4) Ⅳ级响应（一般事故响应）

县级政府启动Ⅳ级响应时，重点做好"三个第一"：第一时间控制现场、第一责任救治患者、第一速度查明原因。建立县乡联动机制，确保处置力量直达基层。对可能升级的事故，实行"边处置边报告"制度。

该分级响应体系具有三个显著特点：一是建立了"自下而上"的报告评估机制和"自上而下"的指导督导机制；二是实现了响应级别的动态调整，根据事态发展可随时升级或降级；三是明确了各层级政府的权责边界，避免响应不足或过度响应。在实际操作中，特别强调专家评估的关键作用，通过科学研判确保响应级别的准确性。同时，建立了跨区域、跨部门的协同联动机制，确保重大事故处置的及时性和有效性。

7.2.2.4 响应调整与终止

食品安全事故应急响应级别的调整与终止遵循"科学评估、动态管理"的基本原则，建立了一套完整的响应调节机制。

(1) 响应级别动态调整机制

应急响应启动后，指挥部应当建立"三评估一调整"的工作制度：每日评估事故危害程度变化、每周评估影响范围扩展、实时评估发展趋势演变。根据评估结果，按照"就高不就低"的原则适时调整响应级别。调整决策需经专家委员会2/3以上成员表决通过，以确保调整的科学性和权威性。特别对学校、养老机构等敏感场所事故，以及新型食源性疾病等特殊情形，建立响应级别自动提升机制。

(2) 响应终止科学决策机制

响应终止必须同时满足三个维度的标准要求：在人员健康方面，需实现伤病员100%收治、连续3日无新增病例、所有密切接触者医学观察期满；在危害控制方面，要求问题食品100%追溯到位、污染场所完成终末消毒并通过验收、相关生产经营主体整改达标；在社会影响方面，需确保舆情平稳、市场秩序恢复正常、群众满意度测评达标。终止决定应当由专家组出具书面评估报告，经指挥部全体会议审议通过后，由原启动机关批准实施。同时建立7日跟踪回访制度，防范风险反弹。

该机制充分体现了现代应急管理"全过程控制、精准化施策"的理念，通过量化指标和程序规范，既避免了响应不足导致的危害扩大，又防范了响应过度造成的资源浪费，实现了应急处置效益的最大化。

7.3 食品安全事故应急响应措施

食品安全事故发生后，根据事故性质、特点和危害程度，各级人民政府和相关部门、单位应当根据工作需要，组织采取以下相关措施。

7.3.1 指挥协调

启动应急响应后，各级相应成立应急指挥部，统一组织、领导食品安全应急处置工作，主要开展以下工作。

1）贯彻落实上级对应急处置工作的各项指示批示精神及其他各项应急处置工作。

2）召开应急指挥部会商会，对应急处置事项做出决定；分析可能导致食品安全事故的食品及其原料对健康的危害及所涉及的范围，造成的健康危害后果及严重程度，事故发展蔓延趋势；部署各项应急处置工作。

3）应急指挥部领导率有关部门负责人、各专项工作组赴事发地。传达上级指示批示精神，指导协调事发地开展应急处置工作。

4）向事发区派出医疗、流行病学、卫生学专家；研究决定相关地区和部门提出的请求事项。

5）开展舆情监测，统一组织信息发布和舆论引导工作；依法对食品安全事故及其处置情况进行发布，并对可能产生的危害加以解释、说明。

6）应急指挥部及时掌握医疗救治，流行病学、卫生学调查进展情况，掌握受污染食品下架、封存、召回情况，及时评估事故的危害程度、范围和发展趋势，及时报告应急处置工作动态。

7）及时组织有关部门和专家对应急处置中的医疗救治，流行病学、卫生学调查进展情况进行综合评估；对受污染食品进行下架、封存、召回；及时评估事故的危害程度、范围和发展趋势。

8）组织开展事故调查。

7.3.2 医学救援

食品安全事故医学救援工作应当建立"分级诊疗、精准施治"的应急医疗救治体系。卫生行政部门需立即启动医疗应急响应预案，统筹调配区域内的优质医疗资源，实施三级救治网络：基层医疗机构负责初筛分诊和轻症处置，定点医院集中收治中重症患者，省级医疗中心组建专家团队提供技术支援。重点做好以下工作：①建立快速转运通道，确保重症患者在"黄金救治期"内获得有效治疗；②组建多学科会诊专家组，制定个体化治疗方案；③建立病例动态监测系统，实时追踪患者病情变化；④储备特效解毒药物和急救设备；

⑤开展心理健康干预。同时,要及时发布健康防护指南,指导公众科学应对。

7.3.3 现场处置

食品安全事故现场应急处置,由事发地县级人民政府统一组织,实行现场指挥官制度,各有关单位按照职责参与应急处置工作。妥善安置受到影响的人员,及时上报中毒和死亡情况,协调各级救援队伍的行动。食品安全监督管理部门应当依法封存可能导致食品安全事故的食品及其原料和被污染的食品相关产品;对确认属于被污染的食品及其原料,责令生产经营者按相关法律法规规定召回或者停止经营;对被污染的食品相关产品,必要时应当标明危害范围,防止危害扩大或证据灭失等。依法封存涉事相关场所及用于食品生产经营的工具、设备,开展卫生学调查。待现场调查结束后,责令彻底清洗消毒被污染的场所及用于食品生产经营的工具、设备,消除污染。

7.3.4 流行病学调查

食品安全事故流行病学调查应当遵循"快速响应、科学严谨"的工作原则,建立多部门协同的调查机制。疾病预防控制机构应在接报后 2h 内组建现场调查组,运用现代流行病学方法开展以下工作:①实施病例对照研究和队列研究,建立暴露-反应关系;②运用分子溯源技术进行病原体分型鉴定;③开展食品加工环节卫生学调查;④运用 GIS 技术进行时空聚类分析。调查过程应当全程记录,确保数据可追溯。调查报告需包含危害识别、暴露评估、风险特征描述等核心内容,并在调查结束后 24h 内同时提交食品安全监管和卫生健康行政部门,为风险研判和应急处置提供科学依据。

7.3.5 应急检验检测

食品安全事故应急检验检测工作应当建立"快速响应、科学准确"的技术支撑体系。取得 CMA 认证的检测机构应当立即启动应急检测预案,重点做好以下工作:①建立 24h 应急检测通道,确保样品随到随检;②采用国家标准方法与非标方法相结合,优先使用快速检测技术;③实施"双盲检测"质量控制,确保数据准确可靠;④建立三级复核机制(初检、复检、确证)。食品安全监督管理部门应当组织专家对检测结果进行会商研判,重点分析危害因子来源、污染程度及扩散趋势,并在 12h 内出具技术分析报告,为应急处置提供科学依据。同时建立检测数据共享平台,实现跨部门、跨区域数据互通。

7.3.6 事故调查

根据《中华人民共和国食品安全法》第一百零六条规定,发生食品安全事故,设区的市级以上人民政府食品安全监督管理部门应当立即会同有关部门进行事故责任调查,督促有关部门履行职责,向本级人民政府和上一级人民政府食品安全监督管理部门提出事故责任调查处理报告。

按照依法依规、实事求是、尊重科学的原则,根据国家有关规定及时开展事故调查工作。事故调查应当准确查清事故性质和原因,分析评估事故风险和发展趋势,认定事故责任,研究提出应急防范措施和整改意见建议,及时向本级党委、政府和上级食品安全监督管理部门提交调查报告。调查食品安全事故,除了查明事故单位的责任,还应当查明有关监督管理部门、食品检验机构、认证机构及其工作人员的责任。对涉嫌犯罪的,公安机关及时介入,开展相关违法犯罪行为侦破工作。

7.3.7 信息发布和舆论引导

食品安全事故信息发布工作应当建立"分级负责、统一规范"的发布体系,按照事故响应级别实施差异化发布策略。应急指挥部办公室应当牵头建立新闻发布中心,实行"三统一"原则(统一发布口径、统一发布渠道、统一发布时效),重点发布以下核心内容:①事故基本情况与危害特征;②应急处置进展与成效评估;③专业防护建议与行为指引;④风险沟通要点与谣言澄清。发布形式应当包括新闻发布会(首场发布会应在响应启动后4h内召开)、官方通报(每日至少1次)、专家解读(针对专业技术问题)等多种方式。同时建立舆情监测预警机制,对网络谣言实施"快发现、快研判、快处置",确保信息发布的权威性和时效性,以维护社会稳定。

7.3.8 维护社会稳定

食品安全事故社会稳定维护工作应当建立"预防为主、快速处置"的应急管理体系。公安机关应当立即启动社会面防控预案,重点采取以下措施:①实施三级勤务响应,强化医疗机构、涉事企业等重点地点24h巡逻防控;②建立网络舆情巡查机制,依法打击造谣传谣等违法行为;③设立应急物资保障绿色通道,维护市场秩序稳定;④组建矛盾纠纷调解专班,做好涉事群体疏导工作。同时要建立"警企医"联动机制,对医疗纠纷、赔偿争议等风险点提前介入,防止事态升级。通过"线上+线下"立体化防控,确保社会秩序平稳有序。

7.4 食品安全事故信息发布、维稳与疏导

食品安全事故因其涉及公众健康这一核心利益,具有显著的社会敏感性和舆情放大效应。基于风险沟通理论,此类事件的信息管理应当遵循"黄金四小时"原则,建立多维度响应体系。首先,政府必须构建"三同步"应急发布机制,即在事故确认后同步开展信息核实、专业研判和权威发布,确保在事件发生2h内通过官方平台发布首份情况通报。通报内容应当包含事故定性、影响范围、处置措施等核心要素,并采用分级发布制度,根据事故等级明确发布主体。其次,要建立"官方-专家-媒体"三维信息矩阵,通过主流媒体事实报道、专家团队专业解读、网络平台互动回应等方式,实现信息传播的全覆盖。特别要重视新媒体平台的舆情监测,对不实信息实施"1小时响应"机制,通过技术溯源和专业辟谣及时消除不良影响。研究表明,在信息真空期形成的错误认知往往需要5~7倍的矫正成本,因此必须把握信息发布的时效性、准确性和人文关怀。同时要充分发挥行业协会等第三方组织的作用,构建政府主导、多方参与的风险共治格局,切实维护社会稳定和政府的公信力。

7.4.1 食品安全事故的信息发布

食品安全问题直接关系到每个人的身体健康和生命安全,因此,及时准确地发布食品安全事件信息对于保障公众健康至关重要。本小节将探讨食品安全与食品安全事件的信息发布,包括发布的渠道、发布的要点及发布的挑战与改进措施。

7.4.1.1 食品安全事件信息发布的渠道

1)官方媒体渠道:政府部门通过官方媒体渠道,如新闻发布会、电视台、广播等,向

公众发布食品安全事件信息。这是最为常见和直接的方式，能够覆盖较大的受众群体，并且具备较高的公信力。

2）社交媒体平台：随着互联网的发展，社交媒体平台如微博、微信等成了广泛传播信息的渠道。政府部门可以通过设立官方账号，及时发布食品安全事件的信息，以便公众获取最新的消息，并进行互动和反馈。

3）官方网站和移动应用程序：政府部门可以建立专门的官方网站和移动应用程序，提供专业的食品安全信息，并将最新事件及时发布在平台上。这样的渠道具有便捷性和可靠性，方便公众随时获取相关信息。

7.4.1.2 食品安全事件信息发布的要点

1）事件背景和范围：发布食品安全事件信息时，首先需要明确事件的背景和范围，包括事件发生的时间、地点、受影响的食品类别等基本信息。这有助于公众了解事件的严重性和影响范围。

2）危害程度评估：政府部门需要对食品安全事件的危害程度进行评估，并将评估结果以明确的方式传达给公众。例如，可以使用系统化的等级制度或颜色标记，以便公众迅速理解事件的危害程度。

3）建立热线和投诉渠道：发布食品安全事件信息时，重要的是提供有效的联系方式，如热线电话和投诉渠道，方便公众咨询和举报相关信息。政府部门应该确保这些渠道的畅通，并对接收到的信息进行及时处理和回复。

7.4.1.3 食品安全事件信息发布的挑战与改进措施

信息传播的时效性：在信息时代，信息的传播速度非常快，因此政府部门需要加强信息的收集和处理速度，以确保食品安全事件信息的及时发布。可以利用现代科技手段，如自动化监测系统和大数据分析等，提高信息的获取和处理效率。

7.4.2 食品安全事故的维稳方案

7.4.2.1 背景分析

随着社会经济的快速发展，各类社会矛盾日益凸显，不稳定因素逐渐增多。为了确保我国社会稳定，预防和及时应对各类突发食品安全事件，制定一套科学、合理、可行的维稳方案及应急预案至关重要。

7.4.2.2 目标定位

1）维护社会稳定，确保人民群众生命财产安全。
2）提高应对突发事件的能力，降低事件造成的损失。
3）加强部门间的协作，形成合力，共同应对不稳定因素。
4）建立健全应急管理体系，提高预警预防能力。

7.4.2.3 维稳措施

1）加强情报信息收集与分析能力，及时掌握不稳定因素动态，为决策提供依据。
2）强化社会治安综合治理，严厉打击各类违法犯罪活动。

3）深入开展矛盾纠纷排查化解工作,切实解决群众合理诉求。
4）加强重点人员、重点部位管控,确保社会秩序稳定。
5）强化网络安全管理,防范网络谣言和有害信息传播。
6）深化平安建设,提高群众安全感。

7.4.2.4　应急预案

食品安全事故应急预案:迅速开展调查,查明事故原因;采取控制措施,防止食品安全风险扩大;严肃处理相关责任人,加强食品安全监管。

7.4.2.5　组织保障

1）成立应急指挥部,统一领导、协调、指挥维稳和应急工作。
2）设立专项工作小组,明确职责,确保各项工作落到实处。
3）加强与相关部门的沟通协调,形成工作合力。
4）强化应急队伍建设,提高应急处置能力。
5）落实应急物资储备,确保关键时刻调得出、用得上。

7.4.2.6　总结与反思

1）定期总结维稳和应急工作经验,不断完善应急预案。
2）深入分析不稳定因素,查找原因,制定针对性措施。
3）强化责任追究,对工作不力的单位和个人进行严肃处理。
4）加强宣传教育,提高全体公民的法治观念和应急意识。

7.4.2.7　在实际操作过程中的注意事项及解决办法

1）预案实施过程中,要确保信息沟通畅通、各部门之间协同配合。解决办法:定期开展应急演练,提高各部门之间的协同作战能力。
2）预案的制定和实施要充分考虑实际情况,避免过于教条。解决办法:定期对预案进行评估和修订,确保预案的实用性和针对性。
3）应急物资储备要充足,确保关键时刻能够调得出、用得上。解决办法:建立应急物资储备清单,定期检查和更新物资,确保物资质量。
4）加强对应急预案的宣传和培训,提高全体公民的应急意识。解决办法:通过多种渠道开展应急预案宣传和培训,让群众了解应急预案的重要性,掌握基本的应急技能。

7.4.3　食品安全事故的疏导方案

7.4.3.1　预案背景

为确保在发生各类事故时,能够迅速、有序、有效地进行人员疏散,最大限度地减少人员伤亡和财产损失,根据国家相关法律法规和上级部门的要求,结合本地区实际情况,特制定本预案。

7.4.3.2　预案目的

1）保障事故发生时人员生命安全,减少人员伤亡。

2）维护社会秩序，防止事故扩大。
3）提高应急救援能力，确保事故处理及时、高效。

7.4.3.3 适用范围

本预案适用于本地区发生的各类食品安全事故。

7.4.3.4 组织机构及职责

1）成立事故人员疏导指挥部，由政府相关部门负责人担任指挥长，下设办公室负责日常工作。

2）指挥部下设以下小组：①现场指挥组，负责事故现场的组织、协调和指挥工作。②医疗救护组，负责伤员的救治、转运和现场救护工作。③交通疏导组，负责事故现场及周边道路的交通疏导工作。④信息宣传组，负责事故信息的收集、整理、发布和舆论引导工作。⑤后勤保障组，负责事故现场的后勤保障工作。

7.4.3.5 人员疏散原则

1）生命至上，安全第一。
2）逐级疏散，有序进行。
3）优先保障老、弱、病、残、幼等特殊人群。
4）遵循应急预案，服从现场指挥。

7.4.3.6 人员疏散程序

（1）紧急疏散
1）发现事故后，立即启动应急预案，组织人员疏散。
2）现场指挥组迅速到达现场，对事故现场进行初步评估，确定疏散路线和集结地点。
3）医疗救护组对伤员进行现场救治，并组织转运。
4）交通疏导组对事故现场及周边道路进行交通管制，确保疏散通道畅通。

（2）逐级疏散
1）现场指挥组根据事故情况，组织人员按照疏散路线有序撤离。
2）交通疏导组在疏散过程中，确保疏散通道畅通，避免拥堵。
3）信息宣传组及时发布疏散信息，引导群众正确疏散。

（3）集结点管理
1）现场指挥组在疏散过程中，设立集结点，组织人员有序集结。
2）医疗救护组在集结点对伤员进行救治和转运。
3）后勤保障组在集结点提供必要的生活物资和应急服务。

7.4.3.7 食品安全事故后的心理疏导

食品安全事故是指在工作、生活或其他活动中发生的意外食品安全事件，会造成人员伤亡或财产损失。面对食品安全事故的发生，受害者和目击者往往会产生不同程度的心理创伤和压力。为了帮助他们恢复心理健康，进行心理疏导谈话是非常重要的。

（1）安全事故后的情绪反应

安全事故发生后，受害者和目击者往往会体验到各种负面情绪，如恐惧、焦虑、愤怒、悲伤等。在心理疏导谈话中，我们首先要倾听他们的情绪表达，让他们有机会宣泄内心的情感。同时，我们要给予他们安全感，告诉他们这样的情绪反应是正常的，他们并不是孤单的，我们会一直陪伴在他们身边。

（2）安全事故的影响和恢复

安全事故对受害者和目击者的生活造成了一定的影响，可能包括身体上的伤害、经济上的损失、家庭关系的变化等。在谈话中，我们要帮助他们认识到这些影响，并鼓励他们积极面对困难，寻找解决问题的方法。同时，我们要告诉他们，时间可以治愈伤痛，只要他们坚持努力，一定能够恢复到事故之前的状态。

（3）应对创伤后应激障碍

安全事故可能会导致受害者和目击者出现创伤后应激障碍，表现为回忆、噩梦、警觉性增高等症状。在谈话中，我们要教导他们如何应对这些症状，如通过放松训练、规律的作息时间、与亲友交流等方式来缓解压力。同时，我们要向他们传递积极的信息，告诉他们他们并不孤单，他们可以克服困难，可以重新获得生活的乐趣。

（4）建立积极的心理防御机制

在心理疏导谈话中，我们还要教导受害者和目击者建立积极的心理防御机制，以预防类似事故再次发生时带来的心理创伤。我们可以告诉他们一些积极的心理调节方法，如运动、参加社交活动、寻找心灵寄托等。同时，我们要强调事故的责任不在于他们个人，而是环境和其他因素所致，他们不应对事故过度地自责和内疚。

（5）关注家庭和社会支持

在安全事故后，家庭和社会的支持对于受害者和目击者的恢复至关重要。在谈话中，我们要鼓励他们与家人、朋友、同事等进行沟通，寻求支持和帮助。同时，我们也要告诉他们，他们可以寻求专业心理咨询师的帮助，专业的支持和指导能够更好地帮助他们渡过难关。

7.5 食品安全事故的舆情处理

7.5.1 相关概念和定义

7.5.1.1 食品安全舆情

食品安全舆情，是指媒体（含网络平台）或社会公众对食品安全事件的报道、转载和评论，并在公众认知、情感和意志基础上，对食品安全形势、食品安全监管所持的主观态度。因食品安全事故引发的舆情，本质上也属于食品安全舆情的一种。食品安全事故的处置过程中并不必然伴随舆情发生，当事故本身涉及范围及影响较小，且及时介入事故调查、处置得当，一般不会引发相关舆情。

7.5.1.2 舆情的分类和分级

根据国家食品药品监督管理总局2013年印发的《食品药品安全事件防范应对规程（试行）》（食药监应急〔2013〕128号）等规定，依据食品安全舆情所涉及内容的敏感程度、严重程度、紧急程度、影响范围等因素，可以将食品安全舆情信息分为一般舆情和警示舆情。

1) 一般舆情,是指发布于网络媒体(含自媒体),经初步研判对食品安全工作有影响、需要监管部门关注的舆情信息。

2) 警示舆情,是指发生在辖区内或与辖区有关联的,需要食品安全监管部门应对处置的舆情。警示舆情分为蓝色(一般)、黄色(敏感)、橙色(重大)、红色(特别重大)4个级别。

(a) 蓝色舆情:指公众关注度低或媒体报道量不大,可能引起社会关注,传播范围有限,需要监管部门密切注意,防止危害扩大、形成舆论热点或负面舆情的食品安全舆情信息。

(b) 黄色舆情:指媒体报道较多,有一定社会关注度,涉及范围比较广,传播速度较快,已经造成或可能造成一定危害后果或社会影响的食品安全舆情信息。

(c) 橙色舆情:指主流媒体报道或社会关注度高,涉及范围广泛,可能产生行业性、系统性风险,传播迅速,已经造成或可能造成较大危害或社会影响的食品安全舆情信息。

(d) 红色舆情:指重大级及以上突发事件造成或可能造成严重社会危害,涉及范围跨省或国(境)外(含港澳台地区),主流媒体重点报道或社会关注度很高,传播速度极快,已经造成或可能造成严重危害或社会影响的食品安全舆情信息。

7.5.2 舆情监测与应对

7.5.2.1 舆情监测

(1) 舆情监测主体

食品安全舆情信息监测的主体一般是各级食品安全监管部门,各级的网信部门作为党委政府的舆情监测主体,也会针对涉及辖内的各类舆情信息进行监测,其中也包括食品安全舆情信息。这些监测主体通过建立舆情监测机制,使用舆情监测平台及其专业服务,监测相关媒体报刊、电视广播、网络平台站点、自媒体等平台渠道中涉及食品安全的舆情信息,并对相关信息进行收集、梳理和分析。

(2) 舆情监测的主要内容

主要是各类新闻媒体报道的,涉及本辖区食品安全问题的;辖区外发生一定社会影响的食品安全问题,其产品源头或流向涉及本辖区的;辖区外发生有一定社会影响的食品安全问题,辖区内也可能存在类似问题的;涉及辖区食品安全监管履职的负面信息;食品安全重大决策、政策出台后的相关动态信息等。

具体包括以下监测内容。

1) 食品生产、加工、流通、消费等环节的食品安全问题。
2) 食品原料、食品添加剂、食品相关产品的安全状况。
3) 食品安全标准、政策、法规的最新动态。
4) 食品安全事故、违法行为及监管措施。
5) 公众对食品安全的热点关注、意见建议和投诉举报。
6) 国际国内食品安全舆情动态。

(3) 监测手段

1) 利用大数据技术、人工智能技术等先进手段,对互联网上的食品安全信息进行实时监测。

2）通过舆情监测软件、搜索引擎、社交媒体、新闻网站等渠道,全面搜集、整理和分析食品安全相关的舆情信息。

3）与专业舆情监测机构合作,共享监测数据和成果。

4）建立食品安全舆情监测数据库,实现信息共享和互联互通。

（4）监测人员

1）成立食品安全舆情监测团队,由具备食品安全、舆情分析、网络技术等相关知识和能力的专业人员组成。

2）定期对监测人员进行培训,提高监测人员的业务水平和综合素质。

3）邀请相关领域的专家学者参与监测工作,提供技术支持和指导。

（5）监测流程

1）信息收集:通过多种渠道收集食品安全舆情信息,包括网络、媒体、公众举报等。

2）信息分析:对收集到的舆情信息进行分类、整理、分析,确定舆情性质、影响范围和严重程度。

3）舆情预警:对可能引发社会关注的食品安全舆情进行预警,及时报告相关部门。

4）舆情处置:根据舆情性质和严重程度,采取相应措施进行处置,包括信息发布、澄清事实、回应关切等。

5）舆情跟踪:对处置后的舆情进行跟踪,确保问题得到有效解决。

（6）责任追究

1）对监测工作中玩忽职守、失职渎职的,依法依规追究责任。

2）对恶意散布虚假食品安全信息、干扰食品安全舆情监测工作的,依法予以查处。

7.5.2.2 舆情应对处置

食品安全事故往往影响面大、波及面广,具有高度的"传染性"和"共振性",在应对和处置食品安全事故或突发事件的过程中,政府和相关监管职能部门,应根据有关保密规定和实际需要,及时与宣传部门和新闻媒体协调,适当向公众披露有关信息,或通过有关媒体对突发事件进行适当报道,合理引导社会舆论,注意发挥舆论对公众的导向作用,控制事态发展,防止引起不必要的社会恐慌,为有效处置事故或突发事件提供支持,减缓压力,维护社会稳定。

食品安全事故的舆情应对,一般根据事故发展情况及舆情态势,由应急处置指挥机构或事故牵头处置部门组织开展舆情研判。当研判舆情发展到需开展回应时,采取相应措施。一是准备口径。组织相关部门研究拟订回应口径。二是组织回应。根据舆情发展情况,草拟舆情回应稿件、口径材料,通过发布新闻通稿、召开新闻通气会、接受记者采访、邀请专家解读等方式,回应社会关切。三是舆情跟踪。舆情回应后,实施持续性专项舆情信息跟踪、监测、分析,根据舆情趋势变化组织会商研判,准备后续回应口径。

7.5.3 食品安全事件的舆情管理

7.5.3.1 舆情态势感知

在食品安全事件发生之后,舆情管理团队需要及时感知到事件的发展态势,了解公众对事件的关注点和情绪表达。通过监测新闻媒体、社会媒体等渠道,全面了解事件的报道和舆情动向。

7.5.3.2 舆情信息分析

将从各个渠道获得的舆情信息进行分析和研判，准确把握事件的性质、影响范围和舆情态势。通过分析舆情信息，为制定应对策略和措施提供科学依据。

7.5.3.3 危机沟通能力

在食品安全事件的舆情管理中，有效的危机沟通能力至关重要。舆情管理团队应建立良好的媒体关系，主动与媒体沟通，及时发布信息，并积极回应公众的质疑和关注。同时，要注重舆情传导的及时性和准确性，避免不必要的声音干扰。

7.5.4 食品安全事件的应对策略

7.5.4.1 事前预防措施

食品安全事件的管理和应对不仅需要事后的处理，更重要的是在事前采取一系列预防措施。提高食品企业的自律意识，严格执行食品安全标准及生产规范，建立健全的食品安全管理体系是预防食品安全事件发生的关键。

7.5.4.2 及时公开信息

食品安全事件发生后，企业应及时向公众公开事件的相关信息，包括事件的原因、处理进展和保障措施等。通过透明公开的信息，增加公众对企业的信任度，减少谣言和不实言论的传播。

7.5.4.3 积极采取措施

在应对食品安全事件时，企业必须迅速行动，积极采取措施进行处理。这包括加强对产品质量的检测和监控，积极与相关监管部门合作，深入调查事件的原因，并采取有效措施防止类似事件再次发生。

7.5.4.4 回应公众关切

食品安全事件常常会引发公众的关切和担忧。企业应关注公众的意见和声音，及时回应公众的关切，提供真实可信的信息，增强公众对企业的信任感。

参 考 文 献

广东省人民政府. 2017. 广东省人民政府关于印发广东省食品安全事故应急预案的通知. 广东省人民政府公报，（25）：36-47.

广州市人民政府办公厅. 2016. 广州市人民政府办公厅关于印发广州市食品安全事故应急预案的通知. 广州市人民政府公报，（25）：1-19.

国务院办公厅. 2011. 国务院发布《国家食品安全事故应急预案》. 食品工业科技，32（12）：493.

国务院办公厅. 2024. 国务院办公厅关于印发《突发事件应急预案管理办法》的通知. 中华人民共和国国务院公报，（06）：30-36.

计卫东. 2015. 食品安全突发事件的应急管理处置及应对策略. 中国食品药品监管，（1）：54-56.

任建超. 2017. 食品安全事件应急管理研究. 北京：中国农业大学博士学位论文.

姚美伊，凌云，邢仕歌，等. 2021. 食品安全突发事件应急机制的比较研究. 食品安全质量检测学报，12（10）：4221-4229.

张永慧，吴永宁. 2012. 食品安全事故应急处置与案例分析. 北京：中国标准出版社.

8 食品安全事故的法律责任

食品安全事故的法律责任涉及多方面，包括食品生产经营者的主体责任、政府和监管部门的监督责任及相关法律规定的惩罚措施。这些规定旨在确保食品安全，保护消费者权益，并对违法行为进行严厉惩处。本章从不同主体的不同法律责任方面介绍我国食品安全事故相关法律法规的建立。

【案例导入】

本案是一起典型的"三无"食品生产经营引发的重大食品安全事故。2019年6月，被告人张某在未取得食品经营许可证、食品生产加工小作坊登记证及从业人员健康证明的情况下，擅自租赁居民小区车库作为食品加工场所加工鹌鹑蛋，并通过流动摊点对外销售，包括熏鹌鹑蛋、无壳鹌鹑蛋、带壳鹌鹑蛋三种鹌鹑蛋制品。经调查发现，该加工场所存在以下严重问题：生产环境脏、乱、差，设备设施简陋，原料贮藏不规范，加工过程未采取任何卫生防护措施，生产、贮存、销售鹌鹑蛋的各个环节均不符合食品安全标准。最终导致123名消费者因食用其生产的鹌鹑蛋出现不同程度的食源性疾病症状，经司法鉴定其中1人构成轻伤二级。专业检测结果显示，涉事3种鹌鹑蛋制品的大肠菌群和沙门菌严重超标，分别超过国家标准限值的15倍和8倍。本案的特殊性在于：一是违法主体同时违反了《中华人民共和国食品安全法》第三十五条、第五十条等多条规定；二是危害后果严重，构成了"行政违法—民事侵权—刑事犯罪"的责任竞合；三是暴露了基层食品小作坊监管的盲区。最终，张某被依法追究行政法律责任（罚款并吊销相关证照）、民事法律责任（赔偿受害者医疗费等损失）和刑事法律责任（以生产、销售不符合安全标准的食品罪判处有期徒刑）。该案为食品小作坊监管提供了重要警示，凸显了食品安全全程监管的必要性。

【学习目标】

掌握食品安全事故中行政法律责任、民事法律责任和刑事法律责任。

熟悉常见食品安全刑事犯罪的种类。

熟悉网络食品交易第三方的法律责任。

熟悉政府和食品安全监督管理部门的法律责任。

8.1 食品生产经营者的行政法律责任

8.1.1 概念

食品安全行政责任体系由行政问责和行政处罚构成。行政问责适用于监管机关及其工作人员，其法定情形包括履行监管职责时的违法行为及食品安全事故中未实施有效监管造成严重后果，追责形式包含要求整改、记大过、降级及开除等行政处分。行政处罚针对食品产业链经营主体，涉及食品生产、加工、运输、贮藏、销售及广告环节。执法机关根据违法程度，可采取责令整改、没收违法所得、罚款或吊销许可证等阶梯式处罚措施。行政追责与行政处罚在适用主体、违法要件及法律后果三个维度具有显著区别，二者共同形成食品安全监管的责任体系。

食品生产经营者的行政法律责任主要体现在食品安全的行政处罚，是指食品生产经营者违反食品安全相关行政法律法规的规定，所应承担的否定性的、不利的行政制裁后果。

8.1.2 行政处罚的种类

我国食品安全法律体系构建了系统化、多元化的行政处罚制度，根据违法行为的性质、情节和危害后果，主要规定了以下 5 类行政处罚措施，形成了梯次化、差异化的惩戒体系。

8.1.2.1 罚款

罚款作为基础性处罚措施，实行"双罚制"原则。《中华人民共和国食品安全法实施条例》第七十五条创新性地建立了"个人收入倍数罚款"机制，对存在主观恶意（故意实施）、情节恶劣或后果严重的违法行为，除处罚单位外，还对责任人员处以上一年度收入 1~10 倍的罚款。这一规定突破了传统行政处罚的限额模式，通过经济制裁的精准打击，强化了企业高管的食品安全主体责任。但需注意，对符合《中华人民共和国食品安全法》第一百二十五条第二款规定的轻微违法行为，不适用该加重处罚条款，体现了过罚相当的法律原则。

8.1.2.2 没收违法所得

《中华人民共和国食品安全法》第一百二十三条规定了对六类严重违法行为的没收制度，其适用具有三个特点：一是没收范围广泛，包括违法所得、问题食品及作案工具；二是针对高风险违法行为，如使用非食品原料、生产经营特殊人群问题食品等；三是实行"必罚+选罚"相结合，违法所得必须没收，作案工具可以没收。这种"釜底抽薪"式的处罚，既剥夺了违法者的不当得利，又消除了其再犯能力。实践中，对涉案物品的处置需严格遵循《罚没财物管理办法》的规定程序。

8.1.2.3 吊销许可证

根据《中华人民共和国食品安全法》第一百二十八条，吊销许可证适用于两类情形：一是事故后不处置、不报告且毁灭证据；二是造成严重后果。该处罚具有三个法律特征：一是属于资格罚，直接剥夺生产经营资格；二是具有终局性，通常伴随行业禁入；三是需遵循比例原则，仅适用于最严重的违法行为。执法中应当注意，吊销许可证前应举行听证，保障当事人陈述申辩的权利。

8.1.2.4 责令改正

作为预防性执法手段，责令改正主要适用于程序性违法或轻微违法行为，如《中华人民共和国食品安全法》第一百三十一条规定的第三方平台未履行审核义务等。其制度价值在于：一是体现教育与处罚相结合原则；二是具有及时纠错功能；三是通常与其他处罚并用。执法机关应当明确整改要求和期限，并跟进复查，确保整改实效。

8.1.2.5 责令停产停业

该措施具有"中间性惩戒"的特点，根据《中华人民共和国食品安全法》第一百三十四条，适用于"一年三罚"的累犯情形。其实需把握三个要点：一是以违法次数为量化标准；二是具有升级性，可能过渡到吊销许可证；三是注重整改验收，合格后可恢复经营。执法中应当建立企业违法档案，实现精准监管。

上述处罚措施在适用中应当注意三个原则：一是过罚相当原则，根据违法情节选择适当的处罚种类；二是程序正当原则，保障当事人合法权益；三是处罚与教育相结合原则，实现法律效果与社会效果的统一。随着监管实践的深入，我国正在不断完善行政处罚的类型化适用标准，通过制定裁量基准等方式，提升执法规范性和透明度。未来还需加强行政处罚与刑事司法的衔接，构建更加严密的食品安全行政责任追究体系。

8.1.3 相关规定的不足之处

当前我国食品安全行政责任制度虽已形成基本框架，但与国际先进经验相比仍存在明显差距，亟须从立法理念、制度设计和执行机制三个维度进行系统性完善。

8.1.3.1 市场主体行政处罚力度不够

现行《中华人民共和国食品安全法》对市场主体设置的行政处罚力度存在明显的结构性缺陷。比较法研究表明，发达国家普遍采用"惩罚性赔偿+高额罚款"的双重惩戒机制。以美国《食品安全现代化法案》(FSMA)为例，对故意违法行为最高可处 100 万美元罚款或 10 年监禁；欧盟则实行"营业额比例罚则"，罚款额度可达企业全球营业额的 4%。反观我国，现行处罚标准存在三个突出问题：一是固定额度上限偏低（最高仅货值金额的 10 倍），难以对大型企业形成有效震慑；二是未建立动态调整机制，无法适应经济发展水平；三是缺乏"累进加重"制度，对屡犯企业的惩戒不足。调查结果显示，某省 2022 年食品安全行政处罚案例中，平均处罚金额仅为企业违法收益的 1.2 倍，远低于国际通行的 3~5 倍标准，导致"违法成本低、守法成本高"的逆向激励。

8.1.3.2 未规定企业法定代表人及主要责任人员的责任

我国现行制度过度聚焦法人责任而忽视对法人负责人的责任，形成了明显的责任真空。具体表现为：一是未建立"双罚制"普适规则，除《中华人民共和国食品安全法实施条例》第七十五条的有限规定外，大多数条款未明确追究个人责任；二是责任链条断裂，对实际控制人、受益股东等关键主体缺乏规制；三是资格罚适用不足，行业禁入制度形同虚设。德国《食品和饲料法典》规定，企业管理者对食品安全承担个人无限责任；日本《食品安全基本法》则建立了"经营责任者名簿"制度，违规者 10 年内不得从事相关行业。建议借鉴国际经验，构建"法人-个人"双重责任体系，对故意或重大过失的责任人实施"经济处罚+资格限制+名誉惩戒"的组合制裁。

8.1.3.3 行政责任与刑事责任衔接不畅

当前行刑衔接不畅主要体现在三个层面：立法层面，《中华人民共和国食品安全法》与《中华人民共和国刑法》的衔接条款过于原则化，缺乏具体的立案标准转换规则，导致行政违法与刑事犯罪的界限模糊。以"足以造成严重食物中毒事故"这一构成要件为例，行政执法与刑事司法存在明显的认识分歧。执法层面，"四部门"（市场监督管理局、公安局、人民检察院、人民法院）协同机制不健全，案件移送标准、证据转换规则、办案时限等关键程序缺乏统一规范。某省检察院调研显示，2021年食品安全涉刑案件移送率不足30%，其中最终立案的仅占58%。机制层面，部门利益藩篱尚未打破，个别地区仍存在"罚款创收"的畸形激励，某市场监管部门近三年食品安全罚没收入年均增长15%，而案件移送量却下降7%，反映出了深层次的体制矛盾。

建立完善健全的责任衔接机制，需要解决以下问题：一是建立"处罚力度与经济规模挂钩"的动态调整机制，引入营业额比例罚则；二是全面推行"双罚制"，细化责任人员认定标准；三是制定食品安全行刑衔接实施细则，明确案件移送标准与程序；四是构建全国统一的食品安全执法司法协同平台，实现案件线索、检测数据、处罚信息的实时共享。同时，可借鉴欧盟食品和饲料快速预警系统（RASFF）的经验，建立企业信用档案与个人职业禁入的联动机制，真正形成"一处违法、处处受限"的惩戒格局。

制度完善必须与监管能力建设同步推进，当前基层执法普遍面临专业人才短缺、检测技术落后、经费保障不足等现实困难。未来应当通过立法明确将食品安全监管经费纳入财政保障范围，同时加强执法队伍专业化建设，确保制度设计能够转化为治理效能。只有构建起科学完备的责任体系，才能真正筑牢食品安全的法治防线。

8.1.4 对相关规定的改善措施

食品安全治理现代化要求构建科学、严密、高效的法律责任体系。针对当前制度存在的突出问题，应当从惩戒力度、责任主体、衔接机制三个维度进行系统性改革，形成具有中国特色的食品安全法治保障体系。

8.1.4.1 加大市场主体食品安全行政惩罚力度

现行处罚标准与违法收益严重不匹配的问题亟待解决。建议构建"三位一体"的处罚强度调节体系：一是引入"营业额比例罚则"，对年营业额超亿元的企业，罚款额度提高至违法产品货值金额的20~30倍；二是建立"违法记录累进加重"制度，对三年内重复违法的企业，处罚标准按违法次数呈几何级数递增；三是实施"市场价值罚"，对上市公司同步处以市值1%~3%的罚款。以欧盟《通用食品法》为参照，对故意违法行为应设置最低100万元的处罚起点。同时完善资格罚执行细则，明确吊销许可证的"负面清单"，建立全国联网的许可证黑名单系统，确保"一处吊销、全国受限"。上海市2022年试点"处罚力度与企业信用挂钩"机制显示，严重失信企业的违法复发率下降42%，验证了严惩措施的有效性。

8.1.4.2 设立食品企业行政双罚制

双罚制的实施需要精细化的制度设计。建议从4个层面推进：第一，明确追责范围，将法定代表人、实际控制人、质量负责人等6类关键人员纳入责任主体；第二，建立"收入关联罚则"，对责任人员处以年收入3~10倍的罚款，并追溯至离职不满两年的相关责任人；第三，引入职业禁止令，对重大违法行为实施5~10年的行业禁入；第四，建立个人食品安全信用档案，与金融征信系统挂钩。日本《食品卫生法》要求企业设置"食品安全责任者"，对该人员实行终身追责制，值得借鉴。同时应当配套建立"尽职免责"制度，对已经尽合理法定注意义务的人员予以责任豁免，实现权责平衡。某省2023年试点数据显示，实施双罚制后企业自查整改率提升65%，证明其具有显著的行为矫正功能。

8.1.4.3 完善食品安全行政责任与刑事责任的衔接机制

完善行刑衔接需要立法、司法、执法三管齐下：在立法层面，建议制定食品安全违法犯罪认定标准，统一行政违法与刑事犯罪的界限，特别是明确"足以造成严重食物中毒事故"等关键要件的认定标准。可借鉴德国《食品法典》将微生物超标、农残超标等18种情形直接列为刑事犯罪。在程序层面，建立"三统一"工作规范：统一证据标准（行政执法证据的刑事转化规则）、统一涉案物品保管流程、统一检验鉴定标准。某省建立的"食品安全行刑衔接证据指引"使案件移送成功率提升至85%。在机构层面，推行"三部门合署办公"模式，由市场监管部门派驻人员到公安机关食品药品与环境犯罪侦查支队，检察机关设立食品安全检察室，实现案件线索实时共享。浙江省创建的"行刑衔接数字平台"，实现了案件自动比对、智能预警和线上移送，2023年移送时效平均缩短至3个工作日。

制度创新需要强有力的实施保障：首先，建立全国统一的食品安全执法司法人才库，培养既懂行政管理又熟悉刑事司法的复合型人才；其次，加大财政投入，确保基层执法部门配备便携式检测设备等专业工具；再次，完善举报奖励制度，将最高奖励额度提升至罚没款的20%；最后，构建企业合规激励机制，对建立完善内控体系的企业依法减轻处罚。深圳市推行的"合规不起诉"试点表明，引导企业建立全员责任体系，比单纯处罚更能实现长治久安。

这些改革措施的实施，将推动我国食品安全治理实现三个转变：从侧重事后处罚向事前预防转变；从单方监管向多元共治转变；从分段管理向全程控制转变。最终构建起"法律完备、执行有力、惩戒有效"的现代化食品安全责任体系，为人民群众"舌尖上的安全"提供坚实的制度保障。建议选择有条件的地区开展综合改革试点，待经验成熟后通过修订《中华人民共和国食品安全法》予以固化，形成可复制、可推广的中国方案。

8.2 食品生产经营者的民事法律责任

8.2.1 民事法律责任的主要形式

食品生产经营者民事法律责任体系是现代食品安全治理的重要支柱，其责任形式呈现多元化、层次化特征，主要包括以下9种基本类型。

1）停止侵害：作为预防性责任形式，要求违法者立即中止侵权行为。在食品安全领域，特别强调"即时下架"制度，对问题食品实行24h下架时限要求。典型案例显示，某乳制品企业在接到监管部门通知后2h内完成全国范围内问题产品下架，有效控制了损害扩大。

2）排除妨碍：重点解决持续性危害问题，如要求企业拆除违法建筑、清理污染源等。某食品添加剂生产企业被法院判令限期拆除违规建设的仓储设施，即为典型例证。

3）消除危险：针对潜在风险采取预防性措施。2022年修订的《中华人民共和国食品安全法实施条例》新增"风险消除令"，授权监管部门对可能产生系统性风险的企业设施实施强制改造。

4）返还财产：主要适用于欺诈销售等情形。值得注意的是，在食品安全领域，除返还价款外，通常还需承担检测、运输等相关费用。

5）恢复原状：在环境污染等案件中应用较多。某粮油企业因储油罐泄漏污染农田，被判令恢复土壤原有生态功能，并承担三年检测费用。

6）修理、重作、更换：体现"物之瑕疵担保责任"。新近司法解释明确，食品类产品的重作、更换需经第三方机构验收合格。

7）赔偿损失：作为基础性责任形式，包括直接损失和间接损失。某转基因食品未标识案件，法院首次支持了消费者的基因检测费用索赔请求。

8）支付违约金：主要适用于企业对企业电子商务（B2B）合同纠纷。实务中，食品安全相关合同的违约金条款通常约定为合同金额的20%～30%。

9）消除影响、恢复名誉：在虚假宣传案件中尤为重要。某保健食品企业因虚假广告被判在国家级媒体连续一周刊登致歉声明。

8.2.2 食品生产经营者民事法律责任的具体规定

8.2.2.1 《中华人民共和国食品安全法》的相关规定

（1）信息侵权责任（第一四一条）

该条款构建了"三位一体"的追责机制：对个人实施治安处罚，对媒体实施行业处罚，同时追究民事责任。2023年某网络大V散布"塑料大米"谣言案，被判赔偿受影响企业300万元，创下同类案件赔偿纪录。

（2）赔偿责任优先原则（第一四七条）

确立"民事赔偿优先于行政罚款和刑事罚金"的清偿顺序，体现"民生优先"的立法理念。在破产清算程序中，食品安全赔偿债权被列为优先债权。

（3）惩罚性赔偿制度（第一四八条）

该制度具有三大创新：一是引入"首负责任制"，消费者可任意选择生产者或经营者求偿；二是创设"最低赔偿额"（1000元），解决小额索赔动力不足问题；三是设置"十倍价款或三倍损失"的惩罚性赔偿标准。实证研究表明，该制度实施后，食品安全诉讼量年均增长35%。

（4）网络平台责任（第一三一条）

构建"避风港+红旗规则"的双重标准：平台在尽到审核义务时可免责，但若"明知或应知"经营者违法则需承担连带责任。某电商平台因未及时下架违规进口奶粉，被判承担30%的补充赔偿责任。

8.2.2.2 《中华人民共和国消费者权益保护法》中的相关规定

（1）损害赔偿请求权（第十一条）

该权利具有三个特点：主体广泛性（包括实际使用人）、损害多样性（含精神损害）、举证便利性（适用举证责任倒置）。某婴幼儿奶粉致敏案中，法院首次支持了监护人的精神损害赔偿请求。

（2）产品召回责任（第十九条）

建立"主动召回+强制召回"双轨制。企业应在发现风险24h内启动召回程序，并承担消费者因召回产生的必要费用（如快递费、误工费等）。2022年某品牌巧克力召回案中，企业额外支付了消费者保管费，开创了先例。

(3) 追偿权规则（第四十条）

确立"销售者先行赔付+追偿权保障"的机制。为降低销售者风险，部分地区试点"食品安全责任保险"，在先行赔付后由保险公司行使代位求偿权。

8.2.3 责任体系的完善建议

当前民事法律责任体系仍存在三方面不足：一是惩罚性赔偿适用标准不统一，各地法院对"明知"的认定存在分歧；二是网络平台责任边界模糊，对"应知"的判断缺乏客观标准；三是小额诉讼程序不畅，消费者维权成本仍偏高。建议从以下方面完善：第一，制定食品安全民事赔偿司法解释，统一裁判标准；第二，建立"食品安全黑名单"与信用惩戒衔接机制；第三，推广"在线诉讼+专家辅助"的便民机制；第四，完善食品安全责任保险制度，构建风险分担体系。通过系统化构建民事法律责任制度，既能为消费者提供充分救济，又能倒逼企业强化主体责任，最终实现食品安全社会共治的目标。未来应当更加注重民事、行政、刑事责任的协同发力，构建全方位的食品安全法治保障体系。

8.3 食品生产经营者的刑事法律责任

8.3.1 食品生产经营者的刑事法律责任概述

食品安全是关乎公众健康和社会稳定的重大问题。食品生产经营者作为食品安全的第一责任人，必须严格遵守食品安全法律法规，确保食品的质量和安全。该类犯罪不仅违反了国家对食品的管理制度，也对社会公众的身体健康权造成重大影响。一旦违反相关法律法规，食品生产经营者将面临包括刑事责任在内的严重法律后果。当食品生产经营者违反法律规定构成犯罪时，即应当承担相应的刑事法律责任。

根据我国现行法律规定，食品生产经营者在生产经营过程中主观上存在故意或过失，违反相关食品安全法律法规的规定，导致食品安全事故对人体健康造成了实际损害，违法行为与损害结果之间存在直接的因果联系，其行为构成犯罪的，则应当承担相应刑事责任。

常见的食品安全违法犯罪形式包括生产、销售不符合食品安全标准的食品，如食品中含有超标准的有害物质，或属于国家明令禁止生产、销售的食品；使用禁用物质，在食品生产过程中滥用或超范围使用食品添加剂、农药、兽药等；食品经营者在销售过程中明知故犯，明知食品存在安全问题，仍然进行生产或销售；利用广告等手段对食品进行虚假宣传，误导消费者，以及私设屠宰厂、非法添加国家禁用药物等。

8.3.2 常见食品安全刑事犯罪种类

食品安全刑事犯罪体系是我国刑法对食品安全领域违法行为的最严厉规制，根据犯罪客体和行为特征的不同，主要划分为以下 5 类犯罪类型，各类犯罪在构成要件、证明标准和量刑规则等方面均具有显著差异。

8.3.2.1 生产、销售不符合卫生标准的食品罪

本罪规定于《中华人民共和国刑法》第一百四十三条，其核心要件是"足以造成严重食物中毒事故或者其他严重食源性疾患"。根据最高人民法院和最高人民检察院于 2021 年 12 月 31 日联合发布的《关于办理危害食品安全刑事案件适用法律若干问题的解释》（法释

〔2021〕24号），本罪的认定标准呈现三个层次。

（1）危险犯的认定标准

司法解释采用"列举+兜底"的立法技术，明确5种具体情形：①微生物与污染物超标，特别强调"严重超出标准限量"的定量要求，实践中通常以标准值的3倍为起刑点；②病死畜产品类，包括未经检疫或检疫不合格的动物制品；③国家明令禁止类，如疫区进口食品；④特殊人群食品缺陷，重点针对婴幼儿配方食品的营养成分缺失；⑤兜底条款为新型风险预留空间。某奶粉企业因硒含量超标4.2倍被追刑责，即为典型案例。

（2）实害犯的认定标准

对已造成实际损害的，司法解释从4个维度界定"严重危害"：①伤害程度，以轻伤二级为起点；②残疾等级，包括轻度至中度残疾；③器官功能障碍，需经司法鉴定确认；④群体性危害，10人以上中毒即构成犯罪。2021年某学校集体食物中毒案，因导致32名学生住院治疗，责任人被判处有期徒刑5年。

（3）行为方式的扩展认定

司法解释创新性地将3类行为纳入本罪规制：①滥用添加剂行为，强调"超限量+超范围"的双重标准；②农产品违禁用药行为，包括种植、养殖全过程；③注水肉行为，经检测含水量超过国家标准20%的即构成犯罪。某养殖场使用禁用兽药案，因药物残留超标11倍，负责人被判处3年有期徒刑。

8.3.2.2　生产、销售有毒、有害食品罪

本罪规定于《中华人民共和国刑法》第一百四十四条，其典型特征是食品中掺入"有毒、有害的非食品原料"。司法解释通过"三位一体"的方式构建认定体系。

（1）有毒有害物质的界定

采用"法定名单+实质判断"的双轨制：①国家明令禁止的物质，如《食品中可能违法添加的非食用物质名单》收录的47种物质；②禁用农兽药类，包括克伦特罗等β-激动剂；③其他具有急性毒性或慢性蓄积毒性的物质。某火锅店添加罂粟壳案，虽未列入名单，但经鉴定含吗啡成分，仍被认定构成本罪。

（2）主观明知的推定规则

司法解释创设6种推定情形：①职业注意义务违反，如从业者未履行进货查验义务；②来源不明且无法合理解释；③价格异常，低于市场价50%以上；④顶风作案，在禁令期间继续销售；⑤累犯情节；⑥其他高度可疑情形。某食品批发商因三次销售来源不明的肉制品，被直接推定具有明知故意。

（3）特殊行为类型的规制

司法解释特别明确：①包装材料污染，使用废塑料等有毒包材；②保健食品非法添加，如减肥产品中添加西布曲明；③屠宰环节违禁用药。某企业使用工业级滑石粉作为食品添加剂案，被认定为"以非食品原料冒充食品原料"，判处主要负责人7年有期徒刑。

8.3.2.3　生产、销售伪劣产品罪

本罪作为兜底性规定，主要规制以下两类行为。

（1）辅料与设备类违法

包括：①不合格食品添加剂，如某企业生产的明矾铝含量超标；②问题食品包装材料，

某公司使用回收医疗废料生产食品容器案；③缺陷加工设备导致食品污染。这类案件通常以"货值金额"作为量刑标准，50万元以上即构成"情节特别严重"。

（2）过期食品类违法

具体行为模式包括：①直接销售过期食品；②篡改日期再销售；③使用过期原料加工食品。某连锁超市系统性篡改食品日期案，涉案金额达120万元，负责人被判处有期徒刑4年。

注水肉案件的特殊处理：当注水行为未达到食品安全标准罪的危险程度，但货值金额超过5万元时，以本罪论处。某屠宰场注水牛肉案，因含水量超标12%但未检出有害物质，最终以本罪定罪量刑。

8.3.2.4 非法经营罪

本罪主要打击食品安全的上游违法行为，司法解释明确三类典型行为。

（1）非食品原料的经营

包括：①工业原料非法销售给食品企业；②禁用农兽药的生产流通。某化工企业将工业染料销售给辣椒面生产商，被认定为"情节特别严重"，判处有期徒刑8年。

（2）私屠滥宰行为

重点打击：①未经许可的屠宰场；②逃避检疫的个体屠宰户。量刑标准严格，屠宰量达50头以上即构成"情节严重"。

（3）数额认定标准

采用"经营数额+违法所得"的双轨制：①基础档，10万元/5万元；②加重档，50万元/25万元。某兽药经销商非法销售禁用药物，经营额48万元，违法所得22万元，被判处5年有期徒刑。

8.3.2.5 虚假广告罪、诈骗罪

最高人民法院和最高人民检察院于2021年12月31日联合发布的《关于办理危害食品安全刑事案件适用法律若干问题的解释》对食品宣传类犯罪做出明确区分。

（1）虚假广告罪的构成要件

要求：①利用广告形式；②对食品功效作虚假陈述；③违法所得10万元以上。某保健食品宣称"治疗糖尿病"，被判处罚金150万元。

（2）诈骗罪的认定标准

核心在于"非法占有目的"，常见情形包括：①虚构食品特殊功效；②冒充名贵食品（如假燕窝）；③组织食品传销。某团伙以"抗癌食品"为名诈骗老年人案，主犯被判处12年有期徒刑。

8.3.2.6 刑事规制体系的完善建议

当前司法实践反映出3个突出问题：①危险犯与实害犯的界限模糊；②主观明知证明困难；③量刑地区差异较大。建议从以下方面完善：第一，制定食品安全刑事案件证据指引，统一司法认定标准；第二，推广"专家辅助人"制度，解决专业技术判断难题；第三，建立食品安全犯罪数据库，实现类案同判；第四，完善行刑衔接机制，确保刑事打击的及

时性。通过系统化的刑事规制，既严惩食品安全犯罪，又引导企业合规经营，最终实现"惩治-预防-矫正"的多元治理目标。食品生产经营者应当建立全员责任追溯体系，将刑事合规要求嵌入生产经营全过程，切实防范法律风险。

8.3.3 刑事责任的追究

8.3.3.1 我国对食品安全犯罪的态度

《中华人民共和国食品安全法》第一百四十九条规定，违反本法规定，构成犯罪的，依法追究刑事责任。这是民事责任、行政责任与刑事责任间的有效衔接。当食品生产经营者严重违反相关法律法规，情节严重的，将依法追究其刑事责任，以刑罚加以规制。

我国严厉打击食品安全犯罪，对于食品安全犯罪及危害食品安全行为采取零容忍态度，通过严厉的法律手段来保护公众的健康和安全。在处理食品安全犯罪时，根据犯罪的具体情况决定适用的刑罚种类和程度，在司法实践中注重提高食品安全犯罪案件的审理效率和公正性。

8.3.3.2 食品安全犯罪具体刑罚种类

食品生产经营者因违反食品安全法律法规而承担刑事责任时，可能面临的法律后果包括以下几方面。①罚金，根据犯罪的严重程度和违法所得的金额，法院可以判处一定数额的罚金。②拘役，对于较轻的犯罪行为，可能会被判处拘役。③有期徒刑，对于更严重的犯罪行为，根据犯罪情节的严重性可能会被判处有期徒刑。④无期徒刑、死刑，情节严重的，可能会被判处无期徒刑，在极其严重的情况下，如生产、销售有毒、有害食品导致多人死亡，可能会被判处死刑。⑤没收财产，对于涉及非法所得的犯罪，法院可能会没收违法所得的财产。⑥禁止令、从业禁止，在某些情况下，法院会宣告禁止令，犯罪分子被禁止在一定期限内从事食品生产经营活动。

这些法律后果使食品生产经营者承担一定刑事责任，旨在惩罚其违法犯罪行为，保护消费者权益，维护市场秩序，并起到威慑、教育作用，以减少类似违法行为的发生。食品生产经营者应当严格遵守食品安全法律法规，确保食品安全，营造良好的市场氛围。

8.4 网络食品交易第三方的法律责任

8.4.1 概念与定义

网络食品交易第三方平台指通过互联网技术连接商品或服务的供应侧和需求侧、协调交易活动的经营者，其特征是并不直接销售商品或服务，仅提供信息汇聚与交易撮合的场所。"第三方"即指相对于具体交易这一民事法律关系而言，平台属于第三方。符合上述第三方平台定义的互联网企业在我国不同领域的法律文件中有不同的名称，如《中华人民共和国广告法》第四十五条所称互联网信息服务提供者、《中华人民共和国民法典》第一千一百九十四条所称网络服务提供者、《中华人民共和国消费者权益保护法》所称网络交易平台及《第三方电子商务交易平台服务规范》所称第三方电子商务交易平台等。

8.4.2 网络食品安全义务与法律责任

根据《中华人民共和国食品安全保护法》（以下简称《保护法》）与《网络食品安全违

法行为查处办法》(以下简称《办法》)相关规定,网络食品交易第三方平台的义务主要包括登记备案、数据备份、审查报告与规范管理4个方面。

8.4.2.1 登记备案义务

网络食品交易第三方平台的登记备案制度是网络食品安全监管的基础性制度安排,其规范体系包含三个层级。

(1) 主体备案要求

根据《办法》第八条规定,平台企业需在通信主管部门批准后30个工作日内完成"双备案":一是向省级市场监管部门备案平台主体信息,包括域名、互联网协议(IP)地址等基础数据;二是建立入网经营者电子档案,记录经营者身份信息、许可资质等关键内容。2023年修订的《办法》新增"人脸识别验证"要求,通过生物识别技术确保经营者身份的真实性。某头部电商平台因未及时更新2000余家商户许可证信息,被处以顶格罚款3万元。

(2) 信息公示义务

省级市场监管部门需在备案完成后7个工作日内向社会公示平台备案信息,形成"备案—公示—监督"的闭环管理。公示内容扩展至实际控制人、主要股东、海外服务器位置等敏感信息。北京市市场监督管理局建立的"网络食品备案查询系统",实现了备案信息实时更新和公众便捷查询。

(3) 违法责任梯度

未履行备案义务的法律责任呈现"三步递进"特征:①首次发现责令改正+警告;②逾期未改处0.5万~3万元罚款;③累计三次违规纳入信用惩戒。浙江省2022年查处案例显示,平台平均整改周期从45d缩短至12d,制度威慑效果显著。

8.4.2.2 数据备份义务

数据备份义务是网络食品交易的特殊要求,其制度设计突出三个特性。

(1) 技术可靠性标准

《办法》第九条明确平台需满足:①异地实时备份;②故障30min恢复;③加密存储保障。2023年新增"区块链存证"要求,关键交易数据需同步至市场监管区块链节点。某生鲜平台因服务器故障导致3h数据丢失,被认定为"技术条件不达标"。

(2) 保存期限规则

实行"保质期+6个月"的基本标准,对特殊品类实施差异化要求:婴幼儿食品保存3年、冷链食品保存全程温度记录。上海市试点"数据保管人"制度,委托第三方机构专业保存。

(3) 责任认定创新

引入"举证责任倒置"原则,平台需自证数据管理合规。某跨境电商因无法提供2年前的交易记录,被推定为"未履行备份义务",承担不利后果。

8.4.2.3 审查报告义务

审查报告义务是平台责任的核心内容,其制度演进呈现3个趋势。

(1) 审查范围扩展

从形式审查转向实质审查:①许可证真实性核验(对接国家企业信用系统);②经营状况动态监测(抽检记录、投诉情况);③产品信息交叉验证(检测报告与宣称功效匹配度)。

（2）智能审查要求

推广"AI审查+人工复核"模式：①图片识别违禁词；②价格监测异常波动；③评价分析风险线索。某平台利用大数据识别出300余家"证照不符"商户，审查效率提升20倍。

（3）分级响应机制

建立"三色预警"制度：①黄色预警（一般违规）——限期整改；②橙色预警（严重违规）——暂停服务；③红色预警（涉刑案件）——固定证据并移送。江苏省2023年通过平台报送线索查处案件1200余起，案件平均处置时间缩短至7d。

8.4.2.4 规范管理义务

规范管理义务强调平台自治能力建设，重点包括以下几方面。

（1）机构设置标准

专职食品安全管理机构需满足：①独立办公场所；②专业人员配备（每千户商户至少1名持证人员）；③专项预算保障。某平台设立"食品安全委员会"，由副总裁直接分管，年投入超5000万元。

（2）风险处置流程

建立"四立即"工作法：①涉刑案件立即报送公安机关；②系统性风险立即启动熔断机制；③群体投诉立即成立专项组；④舆情发酵立即公开回应。某网红餐厅卫生事件中，平台2h内下架全部门店，有效控制了事态发展。

（3）惩戒措施升级

对屡教不改的经营者实施"三重惩戒"：①平台信用降级；②搜索权重下调；③活动资格限制。数据显示，惩戒商户的复犯率下降至3%以下。

8.5 政府和食品安全监督管理部门的法律责任

8.5.1 法律责任产生的相关背景、政府部门和相关机构设立的介绍

我国食品安全监管体系建立在"预防为主、风险管理、全程控制、社会共治"的基本原则之上，通过《中华人民共和国食品安全法》及其实施条例构建了多层次、立体化的监管网络。该体系具有以下制度特征。

（1）中央层面的监管架构

国务院食品安全委员会作为最高协调机构，负责统筹全国食品安全工作。其下设三个核心部门：国家市场监督管理总局承担主要监管职责，国家卫生健康委员会负责标准制定与风险评估，农业农村部主管农产品质量安全。这种"三位一体"的架构既保证了专业分工，又实现了统筹协调。2023年机构改革后，新增跨境食品安全协调办公室，强化了进口食品监管。

（2）地方政府的责任体系

实行"属地管理、分级负责"原则，县级以上地方政府对本行政区域食品安全负总责。具体实施中形成"1+X"模式："1"是市场监管部门作为主力，"X"包括公安、教育、商务等协同部门。县级市场监督管理局在乡镇设立的派出机构，使监管触角延伸至基层。广东省创新"网格化+数字化"监管，将全省划分为3.2万个食品安全网格，实现精准治理。

(3) 技术支撑体系

包括风险评估专家委员会、标准化技术委员会等专业机构，为监管决策提供科学依据。全国已建立 28 个食品安全风险评估区域中心，形成覆盖各省的技术网络。

8.5.2 法律责任

根据《中华人民共和国食品安全法》可知，政府和食品安全监督管理部门主要有以下几方面法律责任。

8.5.2.1 食品安全监督管理工作的相关法律责任

（1）责任评议考核制度

实行"双线考核"机制：纵向是上级政府对下级政府的考核，横向是政府对部门的考核。考核指标包括：抽检合格率、案件查处数、应急处置时效等 12 项核心指标。浙江省将考核结果与领导干部政绩挂钩，实行"一票否决"。

（2）宣传教育责任

构建"三位一体"宣传体系：政府主导的公益宣传、企业落实的主体宣传、社会参与的志愿宣传。北京市开展的"食品安全科普进社区"活动，年均覆盖 500 万人次。

（3）投诉举报处理

建立"五统一"工作机制：统一受理平台（12315 热线）、统一处置流程、统一时限要求（5 个工作日内回应）、统一奖励标准（最高 50 万元）、统一保密制度。2022 年全国处理食品安全举报线索 28.6 万条，兑现奖励 3200 余万元。

8.5.2.2 食品安全风险监测和评估的相关法律责任

（1）风险监测体系

国家风险监测计划涵盖 35 大类食品、200 余项指标。实行"三统一"采样规范：统一采样点布局、统一采样方法、统一检测标准。某省通过风险监测发现特色食品中的新型污染物，及时避免了系统性风险。

（2）风险评估机制

风险评估专家委员会由医学、农业等 11 个领域的 89 名专家组成，实行"利益声明+回避"制度。对重大风险实行"快速评估"程序，60d 内完成评估。某转基因作物安全性评估中，邀请国际专家参与评审，确保结果公信力。

（3）风险交流制度

建立风险预警发布平台，按风险等级实行"蓝黄橙红"4 色预警。对消费者关注度高的风险信息，组织专家进行解读。某进口奶粉事件中，监管部门召开 7 场风险沟通会，有效引导了社会预期。

8.5.2.3 食品安全标准的相关法律责任

（1）标准制定程序

实行"三公开"原则：立项公开、起草公开、征求意见公开。国家标准制定、修订平均周期从 36 个月缩短至 18 个月。某食品添加剂标准制定过程中，收到生产经营者意见 380 余条，采纳率达 42%。

（2）标准实施评估

建立标准跟踪评价机制，每5年进行一次全面评估。对婴幼儿食品等高风险标准，实施年度评估。某乳品标准通过评估发现与国际标准存在差距，及时启动了修订程序。

（3）标准服务保障

国家食品安全标准查询平台提供中英文双语服务，年访问量超2000万人次。建立标准咨询专家库，解答企业疑问1.2万条/年。

8.5.2.4 食品生产经营的相关法律责任

（1）许可管理

推行"证照分离"改革，将许可时限压缩至10个工作日。对低风险食品试点"告知承诺制"。某省通过许可改革，新办食品企业增长35%。

（2）过程监管

实施风险分级管理，对高风险企业每年检查不少于4次。推广"双随机一公开"抽查，抽查比例不低于5%。某市通过智慧监管系统，实现检查任务自动派发、过程全程记录。

（3）网络食品监管

建立"以网管网"机制，要求平台经营者信息公示率100%。某电商平台因未及时更新2000余家商户许可证信息，被处以顶格罚款。

8.5.2.5 生产经营过程控制

（1）认证管理动态监管机制

我国建立"三位一体"的食品认证监管体系：一是实行认证机构资质审批制度，全国现有具备食品认证资质的机构78家；二是建立认证跟踪检查机制，要求每年现场检查比例不低于20%；三是完善退出机制，对不符合要求的企业实行"双通报"制度（向监管部门通报+向社会公示）。2023年新修订的《中华人民共和国认证认可条例》明确规定，认证机构撤销认证后，应在3个工作日内通过国家企业信用信息公示系统公告。某婴幼儿配方乳粉企业因生产条件不达标被撤销有机认证后，监管部门随即开展全链条排查，防止问题产品流入市场。

（2）网络食品交易平台责任强化

网络食品监管实行"平台首责"原则，建立"四步管控"机制：一是资质审查，要求平台对入网经营者许可证的真实性进行核验；二是日常巡查，利用大数据监测异常经营行为；三是风险预警，对高频投诉商品实施下架处理；四是协同处置，与监管部门建立案件移送绿色通道。浙江省创新"以网管网"模式，通过API接口实时获取平台交易数据，2023年查处网络食品违法案件2300余起。对屡次出现问题的平台，实行"双约谈"制度（约谈平台负责人+属地监管部门负责人），并将约谈记录纳入平台信用评价。

（3）食品召回分级管理制度

我国食品召回分为三级：一级召回针对可能致人死亡或严重健康损害的产品，需在24h内启动；二级召回针对可能引起暂时健康损害的产品，需在48h内启动；三级召回针对标签瑕疵等一般性问题，需在72h内启动。召回过程实行"双监督"：企业自主召回需向监管部门备案，责令召回由监管部门全程监督。某跨国食品企业2022年发起全球召回时，中国区在 12h 内完成全部问题产品下架，比欧盟区快 36h，体现了我国召回机制的高效性。

8.5.2.6 有关特殊食品的相关法律责任

（1）保健食品注册备案双轨制

建立原料目录管理制度，现行目录包含 87 种原料和 24 种保健功能声称。对目录外原料实行严格注册管理，注册审查时限从之前的 120 个工作日压缩至 60 个工作日。创新实施"电子申报+专家盲审"制度，2023 年注册申请通过率较上年提高 15%。对维生素类等低风险产品实行备案管理，备案信息通过专门平台实时公示。某进口益生菌产品通过跨境电子商务首次进入中国市场时，享受了备案便利化措施，从申请到上市仅用 10 个工作日。

（2）功能声称精准化管理

制定保健食品功能声称用语指南，严格限定"增强免疫力"等 24 种保健功能声称的表达方式。建立广告审查制度，省级监管部门配备专业审查员，广告审核通过率控制在 75% 左右。开发"保健食品广告监测系统"，2023 年发现违规广告 1.2 万条次，均已依法处理。某企业因擅自将"辅助降血脂"改为"治疗高血压"，被处以广告费用 5 倍罚款并暂停销售。

（3）全过程追溯体系建设

要求特殊食品生产企业建立电子追溯系统，实现原料来源可查、生产过程可控、产品去向可追。婴幼儿配方乳粉追溯平台已接入全部国内企业和 90% 以上的进口产品数据，消费者可通过手机扫码查询全链条信息。某企业通过追溯系统在 2h 内锁定问题批次产品，将召回范围精准控制在 3 个省市，大幅降低了处置成本。

8.5.2.7 食品检验的相关法律责任

（1）监督抽检科学实施

实行"三随机"抽样制度：随机确定被抽样单位、随机选派抽样人员、随机选择样品。全国每年完成食品安全监督抽检超过 600 万批次，样品购买经费纳入财政保障。建立"抽检分离"机制，抽样单位与检验单位相互独立。某省在 2023 年抽检中发现某类食品添加剂超标的问题后，立即组织专项抽检，及时消除了区域性风险。

（2）复检程序优化完善

全国已有复检资质的机构 236 家，实行"盲样复检+专家评审"制度。明确复检费用承担规则，初检不合格复检合格的，由监管部门承担检验费并退还样品费；维持不合格结论的，企业自行承担。

（3）快检技术规范应用

根据《食品快速检测方法评价技术规范》，在农贸市场等场所推广快检室建设，全国已建成 1.2 万个快检室，日均检测 15 万批次。建立快检结果处置流程：初筛阳性样品立即暂停销售，并送实验室确证。某市通过快检发现蔬菜农药残留问题后，24h 内完成源头追溯和问题查处。

8.5.2.8 食品进出口的相关法律责任

（1）进口食品全链条监管

实施"进口前、进口时、进口后"三段监管：进口前完成企业注册和检疫审批，目前已有来自 190 个国家的 1.8 万家企业完成注册；进口时实施口岸查验，2023 年检出不合格食品 2.3 万批；进口后开展市场流向追踪，建立进口商"黑名单"制度。某国冷冻海鲜因多次检出新冠病毒被暂停进口，体现了监管的及时性。

（2）出口食品质量提升

推行"同线同标同质"工程，引导出口企业内外销产品同一标准、同一品质。建立出口食品原料基地备案制度，备案基地超过 5000 个。实施"监管放行+风险监测"模式，通关时间压缩 50%以上。某省出口食品农产品质量安全示范区建设经验被 WTO 作为典型案例推广。

（3）风险预警快速反应

建成进出口食品安全风险预警平台，设置红、橙、黄三级预警。2023 年针对境外禽流感疫情发布预警 12 次，拦截风险产品 85 批。建立跨境追溯协作机制，与 35 个国家签署合作协议。某批进口坚果被通报检出沙门菌后，监管部门在 6h 内完成全国下架。

8.5.2.9 食品安全事故处置的相关法律责任

（1）应急预案体系化建设

形成"1+32+N"的预案体系：国家总体预案 1 个，省级专项预案 32 个，市县处置方案若干。预案修订周期不超过 3 年，每年开展实战演练。某省 2023 年组织的跨区域应急演练，检验了 5 个部门 12 项应急能力指标。

（2）事故报告时限明确

建立"2-1-1"报告制度：事发单位 2h 内报告，监管部门 1h 内初报，1h 内续报。医疗机构发现食源性疾病应在 24h 内报告。某学校食物中毒事件中，从首例病例发现到启动应急响应仅用 3h。

（3）流行病学调查规范

制定《食品安全事故流行病学调查技术指南》，规范个案调查、危害因素分析等 7 个环节。建立国家级流调专家库，实行重大事故专家会商制度。某次跨省食品安全事件中，通过全基因组测序技术精准锁定污染源头。

8.5.2.10 监督管理的相关法律责任

（1）风险分级精准监管

将食品生产经营者分为 A、B、C、D 四级，分别对应每年 1 次、2 次、3 次、4 次以上检查。对高风险企业实施"审计式"检查，组建包含检验专家的检查队伍。某省通过风险分级将监管资源集中在 8%的高风险主体，问题发现率提高 40%。

（2）信用监管联合惩戒

建立食品安全信用档案，记录许可、检查、处罚等信息。对严重失信主体实施融资受限、招标排除等 28 项惩戒措施。全国食品安全信用平台已归集数据 1.2 亿条，提供查询服务超 10 亿次。

（3）执法监督规范透明

推行执法全过程记录制度，配备执法记录仪 5.2 万台。建立执法决定法制审核制度，重大案件需经法律顾问审核。某市试点"阳光执法"平台，当事人可实时查询案件进展。

8.5.2.11 其他法律责任

（1）履职边界清单管理

制定食品安全监管责任清单，明确 8 类 62 项职责。建立尽职免责制度，对已按规定履职的减轻或免除责任。某区监管人员在日常检查频次达标的情况下，免于对突发事故的追责。

（2）问责情形明确具体

细化 12 种问责情形，包括信息迟报、处置不当等。近三年全国共问责食品安全监管人员 326 人，其中处级以上干部 45 人。某县因区域性风险未及时排查，分管副县长被诫勉谈话。

（3）容错纠错机制建设

明确 5 种可容错情形，为改革创新提供空间。建立问责申诉渠道，处理申诉案件 85 件。某市监管新模式试点中出现的问题，经评估后予以容错处理。

8.5.3 监管责任追究机制的完善

当前责任追究存在三方面不足：一是问责标准不统一；二是尽职免责界限模糊；三是容错机制不健全。建议：①制定食品安全监管责任追究办法，细化问责情形；②建立"尽职照单免责、失职照单问责"清单；③完善容错纠错机制，激励担当作为；④加强监管能力建设，提升履职保障。

通过明晰责任边界、强化问责力度、完善保障机制，构建权责一致、激励相容的监管责任体系，为食品安全治理现代化提供制度保障。未来应更加注重运用法治思维和法治方式提升监管效能，实现从被动应对到主动防控的转变。

参 考 文 献

戴若平. 2020. 对一起网络食品交易、网络餐饮服务第三方平台提供者食品安全处罚案件的分析. 食品安全导刊，（Z1）：66-67.

胡旬子. 2016. 惩罚性赔偿制度适用问题探析——以消费者权益保护法和食品安全法为视角. 法制博览，（34）：89-90.

国家最高人民检察院. 2023. "两高"联合发布危害食品安全犯罪典型案例.（2023-11-28）[2025-05-20]. https://www.spp.gov.cn/spp/xwfbh/wsfbt/202311/t20231128_634976.shtml#1.

刘凤月. 2020. 食品安全民事公益诉讼惩罚性赔偿金的确定. 人民检察，（23）：26-28.

施师. 2014. 我国食品安全法律责任制度研究. 杭州：浙江财经大学硕士学位论文.

杨立新. 2016. 网购食品平台责任对网络交易平台责任一般规则的补充. 福建论坛（人文社会科学版），（10）：151-158.

杨露. 2019. 论食品电商平台的惩罚性赔偿责任. 湘潭：湘潭大学硕士学位论文.

赵鹏. 2017. 超越平台责任：网络食品交易规制模式之反思. 华东政法大学学报，20（1）：60-71.

赵幸. 2019. 食品安全法惩罚性赔偿实施效果评价. 兰州：兰州大学硕士学位论文.